和善做人 慈悲济世

体会仁慈的美丽心境

主编 拾月
编著 冯军

图书在版编目(CIP)数据

和善做人　慈悲济世：体会仁慈的美丽心境 / 冯军编著. -- 北京：现代出版社, 2015.4
ISBN 978-7-5143-3588-0

Ⅰ. ①和… Ⅱ. ①冯… Ⅲ. ①人生哲学－通俗读物 Ⅳ. ①B821-49

中国版本图书馆 CIP 数据核字(2015)第 082218 号

和善做人　慈悲济世：体会仁慈的美丽心境

主　　编　拾　月
编　　著　冯　军
责任编辑　王敬一
内文制作　诚美天下文化传播有限公司
出版发行　现代出版社
地　　址　北京市安定门外安华里 504 号
邮　　编　100011
电　　话　(010)64267325
传　　真　(010)64245264
邮　　箱　xiandai@cnpitc.com.cn
网　　址　www.1980xd.com
印　　刷　三河市华晨印务有限公司
开　　本　700mmx1000mm　1/16
印　　张　9
版　　次　2015 年 5 月第 1 版　2021 年 4 月第 3 次印刷
书　　号　ISBN 978-7-5143-3588-0
定　　价　29.80 元

前言

青少年是社会最宝贵的财富，是人类的希望和未来，正所谓“少年强则国强”。正因为如此，大至一个国家、一个民族，小至一个家庭、一个家族，都特别重视青少年的教育问题。希望他们成为社会的中坚，家族的骄傲。一句话，就是希望他们成为成功的人。于国，能成为有用的人才；于家，能成为顶梁柱。不仅仅要学习好，还要有辨别人世间的善、恶、美、丑的能力。在每个人的人生中，除了需要自身的因素之外，还需要拥有感受世界的能力。

处世、释然，能够消除疑虑和浮躁，树立正确的人生观和价值观。

美感、憧憬，能够发现并塑造身边的美，对未来的美好生活充满期待和向往。

尽责、勤奋，能够明白做任何事只有尽职尽责，勤劳奋进，才能收获成功的果实。

仁慈、奉献，能够学会换位思考，用个人的小爱去收获社会无私的大爱。

忠诚、正义，能够修身定性，塑造没有个人之私的，近乎圣贤先哲般的美德。

青春，是每一个人最美好的一段时光，也是每个人人格、性格定型的重要阶段，在这个时期，我们需要享受青春的快乐，同时也需要完成自我塑造。通过心理自助，最终从一个小男生、小女生逐渐成长为一个有着健全人格的人，成长为一个对社会、对家庭、对自我有着相对完整认知的人，成长为能够为自己的未来做主的人。这才是一个最充实、最有价值的青春。每个梦想都值得我们认真对待，每个青少年都是未来的希望。在青春之中，我们不仅要有欢乐，同时也要拥有未来！

本丛书是你化解烦恼的“心灵鸡汤”，可以给你增加快乐的心理自助法则；本丛书会让你认识到：掌控心理，方能掌控世界；改变自己，才能改变一切。本丛书还将告诉你：只有实现积极的心理自助，才能收获快乐而充实的青春。

目录

第一篇 心怀慈爱：世界因仁慈而更加美好

第二篇 锻造品质：高尚的品质铸就善意人生

第三篇 懂得珍惜：能珍爱一切的人心是暖的

目录

第四篇 宽容忍让:包容万事,释然自己

第五篇 接纳瑕疵:看开人生中的那些不完美

第一篇

心怀慈爱：世界因仁慈而更加美好

能够活在一个仁慈的世界里，是每个人都渴望的美好心愿。仁慈能够有助于我们更加清晰地了解自己，为我们的生命带来重大的意义和价值，仁慈可以变成一场卓越的心灵升华，彻底改变我们的思考模式和生活方式，让我们加快个人和心灵的成长。

仁慈是一种美好的生活境界

故事话题

很久很久以前，一个国王希望自己能够拥有一座新王宫，于是，他对大臣们说："到森林中去找最高的树，我要用一棵最好最大的树来建造我的宫殿。"

大臣们找了很久，总算找到了这样的树。这棵树十分高大，长势惊人，拥有茂密的枝叶，周围还有很多小树。之后，大臣向国王报告："尊敬的陛下，我们已经找到您想要的大树。我们明天就去砍那棵大树。"

国王听后高兴极了，心想："我梦想中的华美宫殿就快有着落了。"

但是，当天晚上，国王做了一个奇怪的梦，他梦到那棵传说中的树神走到他面前，对他说："尊敬的国王，请您大发慈悲，千万不要摧毁我的住所。"

国王听了很不高兴，说："我知道，你是森林中最好的一棵树，然而我需要你来建造皇宫。"

树神继续恳求："您应该知道，每砍一斧，都会令我万分痛苦，当然，还会令我死亡，所以，我特别希望您可以手下留情。"

国王摇摇头，坚定地说："既然我是国王，我的皇宫必须要用最好的树来建造，我无论如何都要把最好的树砍下来。"

树神知道国王不会放弃了，于是无奈地说："那好吧，您可以砍，但我还是要恳请您不要像平常砍树那样一次从树下面砍断，而是希望您吩咐臣子先爬到树的最上面开始砍起，逐渐往下，一枝一枝、一节一节地砍，最后再将整棵树砍完。请您务必答应我最后的请求！"

国王听了树神的请求，感到十分惊讶和不解，就问："这样不是比一次从树根处砍完更令你痛苦吗？"

树神却说："没错，这样一来我必然会更加痛苦。但是，我是一棵很大的树，如果被人们一次就砍倒，一定会把周围的小树压倒，从而残害很多无辜，还有很多小鸟和昆虫都会失去住所，甚至，还可能会杀死许多小动物。所以，如果一节一节砍，我对它们的损伤就可以大大减少。"

国王听到这里，突然苏醒过来，他坐在床上，不断思考树神说过的话，然后默默说道："那树神宁愿自己挨数百次痛苦，却不想让旁边的小树和动物受苦，是多么的仁慈啊！相反，我砍树只是为了自己的享受，是多么自私！"

国王感到了羞愧，他越想越后悔，于是立即改变主意，吩咐大臣们："我不要砍这棵树了，反而要对树神表示尊敬。"

第二天，国王去森林中，向这棵树献花致敬。从那天起，国王也变成一位仁慈、公正的统治者，再也不会只考虑自己的利益了。

故事解析

树神是仁慈的，为了不伤及无辜，它宁愿自己承担巨大的痛苦。

仁慈为我们的生命带来重大的意义和价值，仁慈真正的好处就是心地善良，仁慈之心可以带领我们超越烦恼和争斗，让我们对自己满意，重要性或许更甚于其他生命要素。

仁慈具有种种不同的面向，它可以变成一场卓越的心灵升华，彻底改变我们的思考模式和生活方式，让我们加快个人和心灵的成长。

就某种意义而言，所有显示仁慈好处的科学研究都是无用的——这些研究并不是有用的诱因，因为仁慈唯一的诱因就是伸出援手的渴望、慷慨助人、关注别人生活而得到的乐趣，除此之外别无其他。

不过，从另一个角度来看，仁慈还能够有助于我们更加清晰地了解自己。因为体贴关怀、富于同情心、开放心胸接纳他人的人往往具备健康的心理。

故事穿越

一只八哥妈妈被猎人用弓箭射死，它的生命终结了，但厄运并没有就此结束。

它的死，造成它的三个雏鸟变成了孤儿。雏鸟刚刚破壳而出不久，它们懵懵懂懂，看起来是那么弱小无力。孱弱的雏鸟没有妈妈的照顾而饥寒交迫，它们只知道吱吱尖叫，徒劳地呼唤妈妈。

“看着这些可怜的孤儿，每个人心里都感到十分难过呀！”一只狐狸蹲在鸟窝对面的石头上说。不仅如此，它还对着众鸟大声呼喊：“朋友们，请你们不要抛弃这些无依无靠的雏鸟，你们能够拿出仁慈的心多好啊！给可怜的鸟儿衔去一颗麦粒，哪怕给它们的小窝塞上一根稻草，这样就能挽救它们的生命，还有什么能比做好事更神圣呢？嘿！杜鹃，你在换羽毛吗？为何不拔下几根给它们铺一张暖床呢？你那些羽毛不是白白浪费了吗？还有燕子，你完全可以多捉几只蚊子嘛，分给孤儿们吃点吧！还有斑鸠，你的子女已经长那么大了，它们自己生活已经没有问题了，不如，你离开自己的家吧，像母亲一样去照看雏鸟吧！至于亲爱的夜莺，你那迷人的歌喉人人赞扬，趁和风轻摇孤儿的小床时，你最好唱上一曲，哄它们睡觉。我深信，大家的仁慈，一定会改变孤儿们的悲惨命运……”

正讲到这里，三只可怜的雏鸟因为好久没有吃东西，已经饿得东倒西歪，最终纷纷从窝里掉下来。此时，狐狸立刻上前把它们一一吃掉了，不再滔滔不绝地说教。

故事微语

有人说：“真正仁慈的人从不夸夸其谈，而是默默地行善；那些喋喋不休到处宣扬要行善的人，他们的仁慈只是挂在嘴上。”这句话很符合上述故事中的狐狸。狐狸非常会说话，希望其他动物能够对幼鸟仁慈一些，让幼鸟能够生存。然而，当幼鸟掉下来之后，它又不加迟疑地将幼鸟们吃掉，这种嘴上仁慈，行动粗暴的作为，实在不可取。真正的仁慈不是这样的。

仁慈是一种无须太费力的处世之道。它是一种经济实惠的态度，因为它省去了我们浪费在猜疑、忧虑、愤恨、钩心斗角或是无谓设防上的大量精力。这种态度是减法，将不必要的东西剥减殆尽，我们便能回归到简简单单的本来面目。

我们能够看到，仁慈有许多不同的表现，但是，仁慈的精髓却极为简单，它是真正的善意，而不是虚情假意。

心灵箴言

仁者，以天下为己责也。

——朱熹

慈善的行为比金钱更能解除别人的痛苦。

——[法] 卢梭

慈善，也即是给予人们的爱比他们应得到的要多。

——[意] 儒贝尔

向仁慈的方向引导自己

故事话题

狙击手是异常寂寞的人，因为他们的任务机密，身份也高度保密。狙击手们一定要将工作和生活分得很清楚，即使面对自己的亲人，也很少提及自己真实、具体的身份。

每个狙击手都要经历极为枯燥的训练以及残酷的选拔，他们在执行任务时，根本就没有失败的余地，他们必须枪枪命中目标。

狙击手出场，就意味着杀人。

所以，狙击手是不受干扰的，风力、气压、地心引力，对他都不起作用。在狙击手开枪的瞬间，即使这时耳旁突然响起鞭炮声、大喊声、有人从身旁跑过声或是其他一切突然事件的发生，他一概充耳不闻。

当任务完成，警察、家属、媒体聚拢之前，他唯一要做的就是起身、收枪、转身，快速离场，不能引起任何人的注意。

要知道，狙击手各个都是神枪手，他们是举世无双的大英雄，只是，周围没人知道。

有位狙击手曾遇到这样的情况。

在一户农家小院的一间屋子里，门窗都被硬纸板覆盖，窗户上仅留二指宽的缝隙，这时候，一位劫匪正在用尖刀抵住女人质的脖子。在情况危急之下，指挥部下达了择机击毙劫匪的命令。

然而，就在一位狙击手将要扣动扳机命中匪徒的一刹那，现场竟然发出凄厉的哭喊声："别开枪！那是我爸爸！是我妈妈！"

原来，这对男女冤家曾经是夫妇，后来离了婚，而那位哭喊的小女孩正是他俩的孩子。狙击手凭借自己心灵深处那份仁慈的心，做了一件不符合常规的事情，他没有扣动扳机，而此时，当人们听到女孩子的哭喊声后，以为悲剧就此发生了！却没想到，奇迹发生……

指挥部立即调整了方案，最后，没有流血，人质被平安解救。狙击手说："这一刻，我的心情格外好，因为自己扣动扳机的时候犹豫了，所以，奇迹出现了。"

故事解析

仁慈可以帮助你将人际关系处得融洽，从而使你变得快乐。能够活在一个仁慈的世界里，是每个人都渴望的美好心愿。仁慈能够使人们的精神变得富足许多。拥有仁慈的品质，就仿佛获取到一种放诸四海而皆准的药方——它具备关怀他人的能力，也具备珍爱自己的能力。做到这些，便能够让生活更加美好。

仁慈也是生活中的重要元素，无论是什么样的教育程度的人，都需要拥有仁慈的品质，因为，仁慈是生活最基本的功课，因为在温暖、专注的氛围中学习，要比在淡漠和压抑的环境中学得更多、更好。受到温柔对待的青少年们，人格可以养成得更加健全，为成长奠定坚实的基础。在健康方面也是如此。受到同情心和关爱对待的病人痛苦较少，那么，他们的痊愈就变得很快。

故事穿越

黄昏，寺庙里格外清静，香炉里烟雾弥漫，寺院里的和尚们正在专注地吃晚饭。

这时候，一个男人悄悄溜进寺庙，他走到功德箱前面。要知道在白天，这个人已经来过一次了。当时，他看到很多人都往功德箱里放钱。他左右看看，趁着四周没有人时便将功德箱放倒，从里面往外倒钱。

然而，在一个角落里，有个小和尚和师父将这个场景看了个一清二楚。

小和尚指着男人的身影说：“师父，那个人在偷钱！”

师父说：“我知道。”

小和尚说：“那我们现在上前去把他抓住……”

师父摆摆手说：“不用。”

小和尚着急了：“师父，他偷了我们的钱，他是小偷！我们要抓小偷！”

师父说：“他不是小偷，因为功德箱里也不是我们的钱……”

“为什么说不是我们的钱呢？”小和尚盯着师父，不解地问。

师父说：“那是人们放进去的钱，现在有人需要它，取出来，怎么算是偷呢？”

小和尚听了默默无语，就这样，他们师徒二人眼睁睁地看着男人将功德箱里的钱拿走了。在男人走后，小和尚就急忙跑到功德箱前左看右看，然后说："师父，里面还有钱呢！他没有都拿走。"

师父点点头，说："我们也都看到了，他只是拿走了他需要的那一部分，证明他并不是小偷，真正的小偷怎么会留钱在里面吗？"

小和尚点了点头。

没想到的是第二天黄昏，那个男人又来了，像前一天一样，又拿走了一些钱，小和尚又看到了这一幕，但是，他没有言语。就这样过去了一年。

一年之后，男人再次踏进寺庙。他走进大殿，虔诚地拜了佛，又来到功德箱前面，打开背包，拿出厚厚一沓钱放到功德箱里。

小和尚忍不住走上前去，询问这个男人怎么如此大方。男人便提到一年前的一件事，他说，那时候自己走投无路，无奈之下先后两次从功德箱里拿钱，结果，功德箱里的钱不仅让他摆脱了困境，还让他越走越好。

小和尚把这事告诉了师父，师父说："每个人都有困难的时候，只要我们给别人一条出路，别人就能走出困境，最终，我们也能得到加倍的回报。功德箱，那是人们的功德箱，也是我们的功德箱啊！"

后来，寺庙的住持，在寺院的门口特地放了一个功德箱，并让这个小和尚专门负责管理这个功德箱。每天，小和尚都会往功德箱里放一些钱，目的就是让那些需要帮助的人去功德箱里拿钱。

开始的时候，功德箱里的钱总是变少，可是几个月后，小和尚再也不用往功德箱里放钱了。因为每天早上，功德箱里都是满满的……有的钱是人们加倍奉还的，有的钱是他人捐献的。

故事微语

一个小小的功德箱，帮助了不计其数需要帮助的人，也得到了很多人的加倍回报。可见，一个慈悲的人，用一颗慈悲之心，能够唤醒整个世界的慈悲。

仁慈看起来似乎微不足道，但它却是我们生活的中心要素。慈悲拥有惊人的力量，足以让我们洗心革面——说不定比任何心态或技巧的威力都大。

英国作家、批评家阿尔多斯·赫胥黎，曾经研究过各种旨在发挥“人类潜力”的哲学和技巧，是这方面的先驱者。他研究过很多方法，例如吠陀哲学（印度最古老的宗教文学）、幻觉、劳筋动骨、静坐冥思、催眠和禅学。然而，在他去世之前，进行过一次演讲，其中最令人记忆深刻的话就是：“常有人问我，转化生命最有用的技巧是什么？经过这么多年的研究和实验，我实在有点难为情，可是我必须说，最好的答案就是——仁慈一点儿。”

心灵箴言

幸福是灵魂的一种香味，是一颗歌唱的心的和声，而灵魂的最美的音乐是慈悲。

——[法] 罗曼·罗兰

玛丽莎用圣母玛利亚一般的眼神望着我，让我恨不得支起一架管风琴，才配合得了这样的慈悲。

——李承鹏

假如你是一个穷人，你应该用你的操守来维护你的名誉；假若你是一个富翁，你应该用你的慈悲来维护你的名誉。

——[英] 失贝尔

修炼一颗同理心

故事话题

塞琳娜正开着车，突然，一个小孩冷不防冲出来，要横穿马路，塞琳娜立即踩下紧急刹车，而这时，后头有一辆车来不及刹车而撞上了她的车。

塞琳娜和另一辆车的车主都下了车。就看那个车主表现出了一副备战的模样，虽然他一个字也没说，但塞琳娜能感觉得到，那人已经进入了“一级警戒”状态。

可是，两辆车都没有损伤，所以，塞琳娜先开了口，她想说：“我没有错。”

这确实是实情，但是，如果直接这样说，后果可想而知，这种话就算不造成伤害，也是无济于事的话。所以，塞琳娜改口说道：“不好意思，我开得很快，但是突然停下来，我想你一定没想到。很抱歉。吓到你了，你没事吧？”

那人听到塞琳娜态度这么好，自己的态度也立刻变了。他脸部的线条在瞬间得到舒缓，虽然细致到似乎察觉不到。也就是说，在电光石火之间，他迅速卸尽了“武装”。塞琳娜在他眼中看到了些许诧异的神色。因为，他的对手竟然关心他有事没事。

接着，塞琳娜看到对方松了一口气，什么都没有说，然后摇摇头，最后，双方握握手就离开了。

故事解析

塞琳娜很好地化干戈为玉帛，之所有能够这样，就是因为她具备同理心。她可以设身处地为对方着想，而不是自私地去处理这件事情。

的确，塞琳娜知道自己没有错，因为，如果她不选择刹车的话，车前莽撞的小孩则很可能被撞。但她没有因为这件事而推脱责任，而是十分缓和地和“对手”道歉，并慰问他是否被吓到了。塞琳娜的体恤，能够让对方感到温暖之意，从而卸下“武装”。

由此可知，同理心能带来舒缓和满足，并且，同理心很常见，它随时随地都在人们心里，任何人都信手可得。很多从事心理治疗的人都认为：同理心是缓和医患关系的要素，这并不是巧合。痛苦缠身的人不需要别人的诊断、忠告、解读、运筹帷幄。他们只需要别人衷心的关怀和体恤。一旦感受到他人的认同，痛苦仿佛霎时被放空，疾病也不药而愈。

对青少年来说，培养同理心是一切教育的当务之急。

美国杰出的小提琴家曼纽因在一次访问中说过几句深具洞见的话。他说：“如果德国青年在成长期间不只学会懂得欣赏贝多芬的音乐，同时也能随着传统的犹太音乐哼唱舞蹈，那场大屠杀绝无可能发生。”

同理心不仅仅能够帮助人们解决问题，更能够纾解心情。研究显示，富有同理心的人通常容易满足，他们对自己的生活较为满意，人也不怎么固执。只是，同理心也会面对一定的阻力。

有些人认为，为体恤别人而认同他人，这是弱者的行为。然而，对任何人而言，这都是最好的出路。当一个人感到自己被理解，当他体会到我们明白他的论点言之成理、他的要求无可厚非，他的态度会改变。如此一来，无数的纷争就可以避免。

故事穿越

一位年事已高的人，在晚年时身体依旧十分硬朗，只是会不定时地出现心神恍惚的情况。一天，这个老人告诉她的孩子，她自己开车的时候，出现过奇怪的想法，就是有时会把自己想成是别人。所以，当她眼前出现红灯时，她会想对别人来说是绿灯，以为自己是别人的她就这么闯了过去。

直到她已经连续闯了好几个红灯时，并且已经看到别的司机火冒三丈的样子，她才惊觉过来，自己不是别人，而是自己……

故事微语

青少年们需要注意：不知不觉的同理心是非常危险的。任何人都要保持清醒的头脑，必须先把持得住自己，确知自己的需求，知道自己的活动空间和时间的所在。换句话说，在试图解决他人问题之前，自己一定要做到把自己的生活控制好，不要因为“病态”的同理心而将自己陷入困境。

当然，拥有正常的同理心，是每个人都要为此不懈努力和追求的。

医界也有类似的现象。研究显示，一个医生越是富于同理心，那么，至少在病人的心目中，往往认为这个医生是医术高明的。遗憾的是，很多医学院的学生，他们在实习初期表现得特别富有同理心，等到正式工作以后，同理心却消磨殆尽，最终变成一个平庸者。

心灵箴言

仁人之所以为事者，必兴天下之利，除天下之害。

——墨子

真正的慈善能明察秋毫，哪里需要行善它一看就知道。

——[英] 托·布朗

一切法皆是佛法，先学他胸襟大，面孔对任何人都是慈悲笑容，这个就是佛法。

——南怀瑾

保持清醒的头脑是拥有慈爱的保障

故事话题

一位心理学家，做了一个特殊的实验，他把一只经过测试证明很聪明的猴子，关到一个特制的铁笼子里。这个笼子的铁栏杆之间，只能容得下猴子的手臂伸出来。心理学家连续两天没有猴子东西吃，到了第三天，给猴子一串香蕉，但把香蕉放在距离猴子很远的地方，这时，他又拿来一根很长的带铁钩的竹竿，特意放在笼子外面，猴子如果伸手一定能够拿到。

猴子已经两天都没有吃东西了，刚一看到香蕉就激动起来。

然而，饥饿的猴子将注意力都集中到那串香蕉上了，它伸出手努力去够，可是，胳膊的长度根本拿不到香蕉。猴子费了九牛二虎之力，它的手臂甚至都磨出血来，可还是没有拿到香蕉，这时，它已经累得筋疲力尽了。

其实，笼子外面有个很好的工具，那就是“带铁钩的竹竿”，是专门为猴子够香蕉准备的，但猴子完全忽视了“带铁钩竹竿”的存在。一个智商很高的猴子，却犯了一个非常低级的、致命的错误。

故事解析

没有清醒的头脑，慈爱就不能完美的发挥。猴子原本很聪明，却在看到香蕉后失去清醒的头脑。尽管它其实是有拿起竹竿够到香蕉的本领，却忽视了竹竿的重要性，在香蕉面前迷失了自己……

其实，人类也是一样的。人们往往表现出当太过在意一件东西时，逐渐变得丧失理智。慈爱之心更需要理智去支撑，否则慈爱将会变成空谈。就好比正在热恋着的人，往往发现不了对方的缺点，但对于“局外人”来说，那些缺点他们一眼就可以看出。这就是保持清醒头脑的重要性。

心急很容易导致方寸大乱，从而轻易就会犯低级错误。想要拥有慈爱之心，就应该时刻注意保持清醒头脑，做好扎实的准备工作。人们只有不急不躁、不卑不亢、不骄不满，保持心态祥和，不为名利所动、所困，就能走出“饿猴子”的困境。

故事穿越

很久以前，有个非常富有的人，他万贯家财，心地极为仁慈善良。有一天，富人去市集买东西，在路上救下一只受伤的、并即将被贩卖掉的鳖。为了这只鳖，富人花了一百万钱。

把鳖带回家后，富人细心地给它洗净身体，并在伤口处敷上草药，然后把它放到附近一条河里看着它慢慢地游走。没想到到了半夜，富人家的大门有轻轻的“嚓嚓”声，富人开门一看，原来是白天的那只鳖。

鳖见了他，说道：“恩人！感谢您救了我，要不是今天在市集上碰到您，我的生命就危险了！我别的本事没有，但也想报答您，因为我多少了解一些水中的变化，发现大洪水马上就要到来了，请您赶快准备船，收拾东西准备逃生吧，否则会有生命危险的。”

第二天早上，富人急忙去宫中向国王报告这个消息。国王信任富人，知道他是个大善人，所以在短时间内准备好了拯救国民的措施。

没过多久，鳖又来了，它对富人说：“快上船去，洪水眼看就要来了！你快上船跟着我走，我带你到安全的地方去。”

富人立刻跳上船，接受鳖的指引。这时洪水到来，铺天盖地，阵势极为吓人。富人坐在船里，忽然发现大水中有一条蛇跟在船后，就把蛇救上了船。不一会儿，他又看见一只狐狸无助地漂在水上，他又想办法把狐狸救上了船。

鳖见了他的善行，非常称赞。

没过多远，他又看见有个人在水中漂浮着、挣扎着，呼喊着：“救命啊！救命啊！”

富人见了就说：“快救这个人吧！”

然而这次，鳖却坚决不同意，说：“我认识他！他在菜市场里杀过人，还栽赃给一个无辜的农夫，弄得农夫家破人亡！你不要救他，否则就要吃大亏啦！”

富人说：“我相信你说的，但是，飞鸟走兽我都救了，单单不救他我于心不忍。”

鳖又劝说了一阵，都没能阻止富人。最后，富人将那个水中的人救起。过了几日，大水退去，他们到了一个安全的地方。

鳖向富人告辞，反复嘱咐富人不要轻信那个被救者的话，要多一些警戒心理。富人点点头。可是，富人的心地太善良了，他并没有听从鳖的嘱咐，轻信了那个人的话，以至于到最后，他的财富都被那个人夺走，自己更因为伤心过度而身患重病，不久就去世了。

故事微语

保持清醒的头脑是拥有慈爱的保障，盲目地对他人付出慈爱之心是不可取的。就像故事中的富人，他太过善良，没有听从鳖的劝告，对一个奸恶的人无限度的好，最终导致了悲剧的发生。对他人好，更应该懂得限度，而清醒的头脑是必不可少的。

心灵箴言

头脑清醒的时候，书就会像闲物一样被搁置一旁。

——[美] 爱默生

一个人的思想不会停滞，当他清醒时，他的头脑不停地工作，就像不断跳动的脉博，他无法止住任何一种思想。

——[古罗马] 马可·奥勒利乌斯

每一个头脑清醒的人都知道，和一个疯子说理由非但没有效果，而且还会使错误的印象更深地印在他那反常的头脑里。

——[英] 罗·特雷塞尔

摒弃自以为是的“仁慈”

故事话题

有一位能够未卜先知的师父，一天，师父在禅定中知晓自己的近亲、疼爱的徒弟生命马上就要终结了，只剩下不到10天的寿命。师傅心想：真是太不幸了！这么乖巧的孩子，怎么只剩下不到10天的寿命了呢？于是，他自言自语地说：“我不能将这个残酷的真相告诉他，他的年纪还那么小，怎么承受得了这样的打击呢？”

天刚大亮，师父就强忍着悲伤，装作高兴的样子，将小沙弥徒弟叫到跟前，对他说：“好孩子！你有好久不曾回家看望父母了，你收拾行李回去和父母聚一聚吧！”

徒弟似乎看出了师父有些不对劲，但是也没有多想，高高兴兴地拜别了师父回家乡去了。日子就这样一天天的过去了，过了9天，徒弟还没有回来，虽然师父已经是断了烦恼的阿罗汉，可此时也难免为徒弟的不幸遭遇而感到万分伤感。

就在师父心中正在为再也不会看到徒弟而感到郁郁不乐时，徒弟竟然回来了，并且是平平安安的。师父大为惊讶，拉着小沙弥的手上下打量，然后说：“你怎么好好地回来了？你做了什么事吗？”

徒弟不明白师父是什么意思，迷惑地摇头回答：“没有呀！”

“你仔细想想看，有没有看到什么？做了什么？”师父不放松地追问。

“噢！我想起来了。回家的途中，我经过一个池塘，看到一团蚂蚁被困在水中，我捡了一片叶子，把它们救上了岸。”小沙弥如实地回答，乌黑的眸子，散发着喜悦的光芒。

师父听了之后，马上再进入神通之中观看徒弟的命运：这个孩子不但去除了夭寿之相，而且有了百岁的寿命。小沙弥的一念慈悲，不但救了蚂蚁的性命，也改变了自己的命运。

故事解析

小沙弥是个善良的具备仁慈之心的人，并且，他的仁慈没有带有一点点自私的意味。他很单纯，他看到一团蚂蚁被困在水中，立即采取行动去帮助蚂蚁脱离困境。

当然，这个故事具有传奇色彩，它只是一个传奇故事，但是从这个故事中我们可以得出，给予他人慈悲，也要懂得对方真正需要什么。切忌不能自以为是的施与仁慈的行为。

故事穿越

1786 年一个冬天的傍晚，在维也纳近郊一间小木屋里，有一位双眼失明的老人眼看就要离开人世了。他有个 18 岁的女儿，名叫玛丽亚。玛利亚强忍着内心的悲痛，为临死的父亲将身体擦拭干净，并给父亲换上冰冷而干净的衬衫。就在这时，她的父亲说：“我向来不喜欢牧师和修道士。不过，在临死前，我要洗净我自己的灵魂。”

玛丽亚不知道父亲想要做什么，就疑惑地望着父亲，请他明示。父亲告诉她：“你到街上去，请求你碰到的第一个人到我们屋里来听我临终前的忏悔，我想谁也不会拒绝你的。”

玛丽亚赶忙来到街上，可是，冬天的近郊，街道上十分荒凉和冷清，她等了好久才看见有个人正朝这边走过来。玛丽亚忐忑不安地迎上去，因为她自己不知道这个请求对方会不会答应。于是，她用颤抖的声音说明了父亲的请求。

那人听后，平静地说："走吧，我虽然不是牧师，但是会让你父亲得到安息的。"

这个人是个身材瘦削矮小的年轻人，他穿着朴素却讲究。年轻人坐在老人的身旁，凝视着临终者的脸，对老人说："请您说吧！我不是借上帝的权力，而是用我所从事的艺术的力量，我要使您在生命的最后几分钟获得轻松，并卸下您心灵上的重负。"

老人听后，开始喃喃地说："在我的眼睛失明之前，我是杜恩伯爵夫人家的一名厨师。一次，我的妻子玛尔达得了肺病，医生开了各种昂贵的药，我没有办法，就从主人家里偷了一个小小的金盘子，把它打碎卖了。现在想起来心里挺难受。我一直向我的女儿隐瞒，从小就教她不要动别人的一点点东西。"

年轻人静静地听着，然后把手掌放在老人那双瞎眼上，说："约翰·梅叶尔先生，您做的这件事不是罪过，也不算是偷窃，相反，也许可以算您对爱情的忠诚。"

老人脸上立即掠过一丝笑意。年轻人问："现在请告诉我您最后的心愿吧！"

老人说："我希望有人照顾玛丽亚。"

年轻人说："好吧，我来照顾她。您还有什么希望吗？"

"我想再一次看看我的妻子玛尔达。就像年轻时遇见她的那个样子。"老人嗫嚅了半天，最后喃喃地说，"不过，先生，您不要为我这蠢话而生气。"

陌生人站起身，大声重复说好吧好吧。他走到那架翼琴［钢琴的前身］前，在凳子上坐下来。随着他灵巧的手指在琴键上跳动，沉寂的小屋里立即充满了生气。美妙的音乐声在小屋里散开，并响彻郊区傍晚的天空……

“我看见了，先生！”老人在床上欠起身，激动地说，“我和妻子相会的那天，她因为慌乱而打翻一罐牛奶。这是冬天发生的事，在山上，天空像一块深蓝色的玻璃那样透明，玛尔达笑了，她笑起来真好看！”

老人重复着，倾听着琴弦发出潺潺的流水声。翼琴的踏板声轻轻地轧轧发响，翼琴更庄严地歌唱着，好像不是它独自在唱，而是千百个人在欢呼。老人倚在枕头上，贪婪地呼吸着，手在被子上摸索着。陌生人停止了弹奏，他凝然不动地坐在翼琴边，好像被自己的琴声迷住了似的。就这样，不一会，老人就安静的去世了。

而这个弹琴的年轻人，就是莫扎克。

故事微语

莫扎克是个善良的人，但是，他对老人的帮助完全是依照老人的吩咐而进行的，并未添加任何自己的主张，从这一点可以看出，他对老人是十分尊重的。这也是老人能够安静祥和离去的重要原因。

很多人，总是对他人施与自以为是的善意行为，然而，结局往往并不令人欣慰。如家长对孩子过度苛责，家长会认为这是为了孩子好，然而，对于孩子来说，这种行为并不能使他们高兴起来，甚至会令他们产生逆反心理，这样就得不偿失了。

作为青少年来说，也应当注意这一点，在给予他人需要的仁慈时，才是真正的仁慈，而不是去做那些自以为是的仁慈之事。

心灵箴言

善良的心就是太阳。

——[法] 雨果

一颗好心抵得过黄金。

——[英] 莎士比亚

人之为善，百善而不足。

——杨万里

第二篇

锻造品质：高尚的品质铸就善意人生

高尚的人具备非常好的吸引力，高尚就是一种强大的磁场，高尚的人是拥有魅力的，可以吸引着他人的靠近，创建良好的人脉，从而成就非凡的一生。所以，锻造高尚的品质是每个青少年都需要重视的问题。

高尚的人运气一定不差

故事话题

李老师是郊区一所规模很小的学校的教师。在这所学校里，大部分教师都是年轻的女教师，她们都很爱干净，所以，谁也不乐意干冲厕所这臭烘烘的活儿。李老师却说："我来吧，反正我从小就有鼻窦炎，嗅觉不大好。"

然而，李老师承包这项工作，一干就是十几年。

李老师并没有因此而多得到任何东西，并且，大家都早已习惯了，谁也没有觉得有什么不妥，人人都觉得，反正李老师鼻子不好，并且已经做了这么久了……

在一个寒冬的凌晨，李老师照例早起，可是，与以往不同的是，李老师感觉这回有些不对劲，他一脚踹开两个女教师的寝室门，把穿着睡衣、昏迷不醒的两人用棉被一裹，一次一个抱出了宿舍的门。

事后医生表示，要是这两个女教师再晚 20 分钟出来，恐怕两个鲜活年轻的生命就会永远结束了。

校长听到医生这样说后，感到大惑不解，便问道："就凭李老师这鼻子，还能闻到液化气的味道吗？"

李老师听到后微微一笑，没有说话。

后来，人们经常看到老张在躬身冲洗厕所……

故事解析

很显然，李老师根本就没有鼻窦炎，也不是闻不见臭味，他这么说，就是为了能够让大家即使不做这个工作，也能安安心心的。可见，李老师是多么高尚的人啊！

无独有偶，还有一位老爷爷，他总是骑着一辆破旧的脚蹬三轮车，里面装载的都是饮料瓶。一次，一个小伙子走过来一个不小心就把饮料瓶扔在了老爷爷的头上，但是，老爷爷丝毫没有怪罪年轻人的意思，也没有抱怨，而是选择默默地走下车，把饮料瓶放进车里，然后再步履蹒跚地走上车……

这是多么高尚的品质啊！不管是李老师，还是那位老爷爷，他们都是为了大家，为了别人而很少计较自己的得失，他们付出很多，却从未有责骂和抱怨，但是，他们是最值得人们尊敬的人。

故事穿越

黑格尔是学识渊博的德国大哲学家，也是极善良谦和的人。

对黑格尔来说，善良已经是一种习惯。有一次，黑格尔参加朋友聚会，一位朋友问他：“您的良好习惯是怎么养成的呢？”

他讲了一件事：

“有一天上午，父亲邀我一同到林间漫步，我答应了。父亲在一个弯道处停了下来，问我：‘孩子，除了小鸟的歌唱之外，你还能听到什么声音？’

“我听了一会儿，回答道：‘我听到了马车的声音。’

“父亲说：‘对，是一辆空马车。’

“我惊讶地问父亲：‘我们都没看见，您怎么知道是一辆空马车呢？’

"父亲答道：'从声音就能分辨出是不是空马车，因为马车越空，噪音就越大。'"

从此以后，黑格尔将父亲的话牢记在心。每当要出现打断别人说话苗头的时候，每当要出现自以为是、贬低别人苗头的时候，他都会想到父亲的提醒："马车越空，噪音就越大。"这时候，他就会变得格外仁慈，在对他人时，他会懂得妥协和让步，尽量让对方感觉到舒适。

故事微语

黑格尔是个高尚的人，他为人充满善意，这便是一种典型的具备慈悲之心的表现。在说话、做事时，他总是会考虑到他人的感受，而不是一味地独断专行。也正是黑格尔具备十足的善意，让他变得格外谦和，人们都喜欢和他交往，成为要好的朋友。

高尚的人具备非常好的吸引力，高尚就是一种强大的磁场，高尚的人是拥有魅力的，可以吸引着他人的靠近，创建良好的人脉，从而成就非凡的一生。

心灵箴言

善人者，人亦善之。

——管仲

在一切道德品质之中，善良的本性在世界上是最需要的。

——[英] 罗素

善良既是历史中稀有的珍珠，善良的人便几乎优于伟大的人。

——[法] 雨果

不拘小节不是不思进取的表现

故事话题

爱因斯坦是位功成名就的大科学家，他不仅对于科学技术方面做出了巨大贡献，而且自身高尚的品格也引领了一代又一代人。

爱因斯坦的物欲与操守值得人们提倡，在外在的物质世界与内在的精神世界等问题上，他表现出了超凡脱俗的见识。从他留下的许多照片中可以看出，爱因斯坦从来不想为衣食住行花费时间。他的穿着极其简朴，总是穿着一件咖啡色的皮上衣——那是艾尔莎送给他的礼物。大衣实是太旧了……

天冷的时候，他总是再加上一件灰色的英国羊毛衫——这件衣服同样是艾尔莎送给他的礼物，也被他穿得很旧很旧。出席宴会时，他总是穿着一套旧式的黑色西服，只有在特殊场合并在全家人的一致要求下，他才穿晚礼服。

在爱因斯坦还没有成名的时候，他就经常穿着一件看起来十分旧的大衣，走在纽约繁华的大街上，他的“土”，显然和繁华的大街不太协调。

有一次，有位朋友碰见他，发现他穿着一件旧大衣，就劝他买件新的。可爱因斯坦笑着说：“没关系，反正在纽约谁也不认识我。”

12
9
3
6

很多年之后，爱因斯坦已成了世界著名的物理学家，但他还是穿着他那件旧大衣，甚至在接见客人时也是如此。凑巧有一次，他又和那位朋友相遇了。朋友再三劝他换件新大衣，否则实在是太不相称了，可爱因斯坦却不以为然地说："没关系，反正这里的人对我很熟悉。"

在爱因斯坦成为全世界瞩目的科学家之后，经常有来自各地的邀请，请他去演讲。他贤惠的妻子总是替他打点行李，把整个行程要穿的衣服一一准备好。奇怪的是，每次爱因斯坦回来，箱子里的衣服都叠得整整齐齐，连摆放的次序都没有变动。在妻子的一再追问下，爱因斯坦才承认，他根本就没有打开过皮箱……

故事解析

爱因斯坦是个不拘小节，可以看淡浮华的人，即使后来他已经成为赫赫有名的大科学家，也仍旧十分简朴。当然，安于平淡、不蕴浮华并不是不思进取的表现。相反，爱因斯坦在科学研究方面从未停止过脚步……

大千世界，芸芸众生，说到对待成功与修身、做事与做人等这些关系的态度和做法，确属千差万别，因人而异。古往今来，总会有一种人，因为卓著的贡献或骄人的业绩而被载入史册，以致名垂千古。

爱因斯坦的一生，都在和与他志同道合的人一起，他们共同探讨科学的未知领域，而在生活中，他淡泊明志，最终成为一位颇具魅力的科学巨人。

从爱因斯坦的一生我们可以看出，在事业上永不知足和生活上感到知足，实际上是知足心态的两个方面。知足使人平静、安详、达观、超脱；不知足使人搏击、进取、奋斗；知足智在知不可行而不行，不知足慧在可行而必行之。

故事穿越

在别人眼里，男人是个没有出息的人，他工资很少，是学校的一名勤杂工，平时话也很少，他那么渺小，以至于他人总是忽视他的存在。村里有什么事情，或是发什么福利，他都表现得不那么积极。别人觉得他傻，但他自己明白，能够淡然的活，他就很知足了。

不久，洪水困住了一所小学，那时，只剩下 4 个孩子和他。

男人找来了一个大木盆，孩子们上去就挤满了。他不会游泳，但毫不犹豫地推走了木盆，自己也毅然冲向洪水。最后，他奇迹般地生还了。

事后，一位记者采访了男人："当时，你不是把死留给自己了吗？你是怎么想的？"

男人说："很简单，就是让孩子们活着。"

记者说："这说明，你拥有一颗非常了不起的爱心。"

男人说："没那么复杂，我实在是太平凡了，因为这几个孩子中有我的儿子。"

记者感到意外，又问："你是怎样战胜洪水活下来的呢？"

他说："也很简单，因为我很爱我的儿子，我不能让他没有父亲。"

故事微语

这个故事很简短，但是寓意非凡。凭借最简单、最平淡的愿望，这个男人最终得以生还。

一个老师曾经问过一个学生：“你愿意做伟人轰轰烈烈地活着，还是愿意做平凡人简简单单地过一生？”

学生答：“我选择后者。”

“为什么呢？”老师听后感到非常惊讶。

学生说：“因为做一个平凡人也不容易。我希望获得，但要知道满足；我好逸恶劳，但要知道一分耕耘，一分收获；我求取利益，但要知道利义之分；我希望平静，但不要去扰乱别人；我爱好自由，但不要违犯法纪；我事事为家着想，但要明白覆巢之下无完卵的道理，这是平凡人最起码的条件，听来容易，做起来却不简单啊！”

心灵箴言

平淡而到天然处，则善矣。

——葛彷

空不是拒绝，也不是虚无，更不是万念俱灰，空是一种超烦恼的心声，它是一种生活的平静，平淡，平安，也是一种内心的快乐。

——延参法师

每一个人都有着自己不同的生活轨迹，但总的来说大多数同学都是普通人，昔日的理想与抱负已被时间打磨的快要彻底消失了，在平淡的生活中归于平凡。

——辰东

懂得功成身退是种大智慧

故事话题

两千多年来，人们一直奉范蠡为商业鼻祖，其中的原因除了他经商治产“富甲天下”之外，更重要的是他“富好行其德”。

在中国人的传统思想中，“士农工商”就是社会的等级观念。两千年来，从政治家到学者，在评价“商”的时候，几乎都异口同声带着贬义，认为商人是逐利阶层，唯利是图是他们的天性。所以，历史上向来都有“无商不奸”的说法。

范蠡却不然，他舍弃了越国的高官厚禄，到齐、陶艰苦创业，孜孜不倦地从事农业、畜牧业、水产养殖业、商业，都取得了巨大的成功，其目的不在于赚钱而在于实现自身的人生价值，也就是向世人表明他不仅能帮助越王勾践打败吴国，而且还能亲自从事商业活动，经营致富。

正是基于这种思想，他并没有为金钱所累，而是选择激流勇退，在离齐至陶之际，他“尽散其财，以分与知友乡党”。

懂得功成身退是种大智慧。

后来，他在陶邑经商，“十九年之中，三致千金”，又再次“分散与贫交疏昆弟”。更可贵的是，范蠡经商从不搞垄断，他曾慷慨地传授经商治产的经验给齐国国君，帮助他治理国家，发展经济，只用了3年便使齐国国富民强。

后来，他在陶邑指导猗顿发展农业、畜牧业和商业，使猗顿成了当时的巨富。司马迁深为范蠡这种超然物外的境界所折服，故称其为“富好行其德”。另外，范蠡在手工业和水产养殖业也做出了很大的贡献。

据说，他曾经发明制酱技术，而且还改进了陶器的制作技术，是造缸的能手，太湖地区的工匠们都尊称他为“造缸先师”。

在范蠡死后，族人将他葬于陶山主峰西麓（今山东省肥城市湖屯镇幽栖寺村），后世的人们来此凭吊他和西施，缅怀他的业绩及人品，汲取他的思想和智慧。如今，在陶山南麓的范庄，仍居住着范氏的后人，他们每逢节日必到范蠡墓前洒扫祭奠。范蠡不是吴国人，但他在无锡却留下了不少传说。

故事解析

相传，在他隐居无锡五里湖畔时，曾教会了人们养鱼种竹的方法。无锡有好多地名都与范蠡有关，如蠡河、蠡桥、蠡园等。在太湖边至今还流传着这样两句民谣：“种竹养鱼千倍利，感谢西施和范蠡。”

激流勇退就是一种高远目光，就是一种趋利避害，就是以退为进、就是弃旧图新。按照现代人的观念来看，范蠡确实实现了世上男人所有的梦想：在事业上，他进能立国兴邦，退能富济天下，位极人臣后能激流勇退，富贵满堂敢散尽千金；在爱情上，他能赢得天下第一美女西施的芳心，两人互敬互爱，长相厮守，高远飘逸。

学会放弃，学会激流勇退，自己的人生就会有一个更新的起点。由此可见，范蠡的智慧和才能并非单一地反映在经商方面，而是多方面的，可谓是全才型的一代名家。

故事穿越

刘伯温为官时奉公守法，兢兢业业，他为朱元璋平天下、治天下，立下了汗马功劳。然而，在他功成之后，却多次上书，请求朱元璋允许他告老还乡。

洪武三年(1370 年)，朱元璋授予刘伯温“弘文馆学士”，封开国翊运守正文臣、资善大夫、上护军、诚意伯。刘伯温是个淡泊的人，不喜欢因此而遭到其他官员的妒恨，从而产生官场斗争，以至于惹祸上身。于是，他随即上书明太祖，要求辞仕过隐居生活。

刘伯温认为自己在青少年立下报国志的愿望已经实现，现在已经位至开国功臣之列，也就没什么遗憾了。再说，他生性豪爽刚正、嫉恶如仇，这样的性格导致他在为朱元璋出谋划策时曾得罪过很多人，如宰相李善长、胡惟庸等人，就是对明太祖朱元璋，他也常常直谏不讳，让朱元璋感到不悦。

所以，他想尽早从官场的旋涡中抽出身来，激流勇退。

洪武四年二月，刘伯温回到浙江青田南田山(今浙江省文成县)故里，在乡间每日读书吟诗，饮酒弈棋，谢绝同一切官府来往，静心修养，乐哉快哉。

故事微语

《道德经》有言：“功成身退，天之道。”也就是说，在达到自己的目的后，便隐退江湖，应该是一件很美好的事情。然而，这种事想来简单，但是做起来恐怕就没有那么容易了。在金钱和权势的巨大吸引下，很多人都难以做到功成身退。

俗语说：“人心不足蛇吞象。”人们在欲望的道路上，总是不想停下脚步，尽管已拥有了取之不尽用之不竭的财物，已具有了在别人看来登峰造极的地位。但当到达了某一阶段后，曾想过要功成身退的念头却又悄然而去。虽已垂垂老矣，却仍在名誉、地位、金钱、权力的泥潭中苦苦挣扎。

最终，大多数人却难尽如人意，反而落得个身败名裂，后悔不已。

心灵箴言

功成名，遂身退。

——苏轼

功成身退，天之道也。

——老子

功成身不退，自古多愆尤。

——李白

用一颗平常心去追求卓越

故事话题

有一个学僧到法堂请示禅师，问：“禅师，我总是打坐，经常念经，每天早起早睡让自己心无杂念，我觉得您座下可能没有人比我更用功了，可是，我为什么就是无法开悟呢？”

禅师拿了一个葫芦、一把粗盐，交给学僧说道：“你去将葫芦装满水，再把盐倒进去，使它立刻溶化，你就会开悟了！”

学僧听后，遵示照办。过不多久，他跑回来说道：“葫芦口太小，我把盐块装进去，它不化；伸进筷子，又搅不动，我还是无法开悟。”

禅师拿起葫芦倒掉了一些水，只摇几下，盐块就溶化了，禅师慈祥地说道：“一天到晚用功，不留一些平常心，就如同装满水的葫芦，摇不动，搅不得，如何化盐，又如何开悟？”

学僧：“难道不用功可以开悟吗？”

禅师：“修行如弹琴，弦太紧会断，弦太松弹不出声音，中道平常心才是悟道之本。”

学僧终于领悟。

故事解析

世间事，不是一味执着就能进步的，读死书而不活用，不能获益。拥有一颗平常心实在太重要了，这样一来，不仅能够给自己留有点空间思考，还能懂得遇事不急不缓、不紧不松，这样便是入道之门了。

有人说："人，在不知足中绝对地追求，在自得其乐中相对地满足。知足，使得人在自我释放和自我克制之间，砌筑了一个生命安顿的心理平台。"拥有一颗平常心，会使人变得平静、安详、达观、超脱。

拥有平常心的人懂得知足常乐，在绝对的意义上不因为知足而放弃承担、不因为常乐而毁于安乐，如此书写的人生，虽不算亮丽，但普通人却因此而活得有滋有味。

青少年们要懂得：过分的贪取、无理的要求，只会是徒然带给自己烦恼而已，在日日夜夜的焦虑企盼中，还没有尝到快乐之前，已饱受痛苦煎熬了。所以古人早就说："养心莫善于寡欲"。

如果我们能够把握住自己的心，便可以很好地驾驭自己的欲望，这样往往便不贪得、不觊觎，做到寡欲无求，那么，生活上自然能够知足常乐、随遇而安了。

故事穿越

苏东坡在江北瓜州任职时，与一江之隔的金山寺住持佛印禅师是至交，两个人经常谈禅论道。

一日，东坡居士自觉修持有得，即撰诗一首：“稽首天中天，毫光照大千，八风吹不动，端坐紫金莲。”诗成后遣书童过江，送给佛印禅师品赏。禅师看后，拿笔批了两个字，便叫书童带回。

苏东坡以为禅师一定是对自己的禅境大加赞赏，急忙打开，不料上面竟写了两个字：“放屁”。这下东坡居士真是又惊又怒，即刻乘船过江找佛印理论。

船至金山寺，禅师早已在江边等候。苏东坡一见佛印立即怒气冲冲地说：“佛印，我们是至交道友，你即使不认同我的修行、我的诗，也不能骂人啊！”

禅师大笑着说：“咦，你不是说‘八风吹不动’吗，怎么一个屁字，就让你过江来了？”苏东坡听后恍然而悟，惭愧不已。

故事微语

佛教里有这样一种说法，“道即是平常心”，“持平常心处于世，永立于不败之地。顺其自然，即可得静，宁静而致远。”

平常心是一种心境，不仅是对待周围的环境要做到“不以物喜，不以己悲”，更要对周围的人和事做到“宠辱不惊，去留无意”，这样才能让我们的生活有一份平静和谐。

平常心是最理想的处世态度，平常心的世界是无限的。

平常心是一种境界，这样的人总是微笑着面对生活，在他们眼里，世界上没有解决不了的问题，也没有蹚不过去的河，他们总是能够为自己寻找合适的台阶，而绝不会庸人自扰。

平常心还是一种大度的表现。大“肚”能容天下事。在知足的人眼里，一切过分的纷争和索取都显得多余，在他们的天平上，没有比平常心更容易求得心理平衡的了。

心灵箴言

非淡泊无以明志，非宁静无以致远。

——诸葛亮

泰山在前而不见，疾雷破柱而不惊。

——欧阳修

喜不应喜无事之事，怒不应怒无怒之物。

—— 苏轼

不为名利做丧失人格的事情

故事话题

曼谷的西郊的一处偏僻地方，有一座寺院，那里人迹罕至，所以香火一直不旺盛。原来的住持圆寂后，索提法师来到这里接替做新住持。

索提法师刚到寺院后，就绕着寺院进行了一次巡视，他发现寺院周围山坡上长满了灌木。那些灌木长得杂乱无章，树形肆意而张扬。于是，索提法师拿着一把剪子，一有时间就去修剪一株灌木。

就这样，半年过去了，他已经把那株灌木修成了一个漂亮的圆球形状。院内的众僧侣们在看到之后感到疑惑不解。于是问住持为什么会修剪那株灌木，索提法师却总是笑而不答……

一天，寺院里来了一位衣衫光鲜，气宇不凡的客人。寒暄让座之后，对方说自己无意路过此地，随便进来看看。

法师很客气地陪客人四处游转，行走间，客人向法师请教了一个问题：“人怎样才能够清除自己的欲望？”

索提法师听到问题后微微一笑，他突然转身走进一间房子，从里面拿出一把剪子，对客人说：“施主，请跟我来。”

索提法师把客人带到了灌木丛，客人看到了法师修剪的那一株成型的灌木。法师把剪子递给了客人，说道：“您只要经常像我这样去修剪一株灌木，您的欲望就会消除。”

客人疑惑地接过剪子，走向一株灌木，“卡嚓卡嚓”地剪了起来。不一会，大约一壶茶的功夫过去了，法师问他感觉如何，客人笑了笑说：“感觉身体舒展了很多，可是平日堵在心中的那些欲望好像并没有放下。”

索提法师继续说：“最开始都是这样的，但如果你总是修剪，慢慢就会好了。”

所以，客人和法师约定好了，他表示 10 天之后还会再来。此时，索提法师还不知道，这个人其实正是泰国享有盛名的珠宝大亨。那段时间，珠宝大亨遇到了从未经历过的大难题，所以，他心情烦躁，便来到了寺院。

10 天后他果然来了！20 天后，他又来了……直到 3 个月后，大亨把那株灌木修成了一只初具规模的鸟型。

法师看到他的成果后问他："现在你是否懂得如何消除你的欲望了？"

只见大亨面带愧色，回答说："也许是我不够聪明，每次修剪的过程中我可以气定神闲、心无杂念。可是，离开寺院回到我的生活圈子之后，我的所有欲望依然会像往常那样冒出来。"

法师听后笑而不答。

后来，当大亨的"鸟"型灌木已经完全成型后，索提法师又向他问了同样的问题，他的回答依旧。这次，法师对大亨说："这位施主，其实，我建议让您修剪灌木，只是希望您每次修剪前，都能够发现，原来剪去的部分又会重新长出来。就像我们人类的欲望，您别指望能够完全把它消除。我们能够做到的，就是尽力把它修剪得美观。放任欲望，它就会像满坡生长的灌木，丑陋不堪。但是，经常修剪，就能够成为一道亮丽悦目的风景。对于名利也是这样，只要取之有道，用之有道，利己惠人，它就不应该被看作是心灵的枷锁。"

大亨恍然大悟！

此后，随着越来越多的香客的到来，寺院周围的灌木也一株一株的被修剪成各种形状。这里的香火渐渐旺盛起来，日益闻名。

故事解析

很多科学家，他们不为名而来，不为利而往，可以全心全意献身于科学，表现出了高尚的道德品质。他们能够通过发明而获得荣誉和相应的报酬，得到社会给他们的奖赏。然而，那是他们发明发现当之无愧的结果，并不是为了发明的动力。

英国物理学家、化学家法拉第曾先后得到欧美各学会赠予的荣衔九十四个，各国帝王对他也是优礼厚待，他却坦然地说："我从来没有为追求这些荣衔而工作。"

追名逐利的个人主义者，必定会被金钱所累。

卢瑟福在约克郡联合钢铁公司研究实验室致词时就说："再也没有比那些只顾个人鼻尖底下的一点事情的人更可悲了。"诗人歌德也说："才能较低的人对艺术本身并不感兴趣，他们在工作中除掉完工后能赚多少报酬以外，什么也不想。有了这种世俗的目标和倾向，就决不能产生什么伟大的作品。"

故事穿越

陶渊明是人们熟知的中国古代著名的文学家，他的诗文被传颂至今。然而，除诗文之外，他蔑视功名富贵，不肯趋炎附势的行为同样令人钦佩。

陶渊明生于公元 365 年，是中国最早的田园诗人。在陶渊明生活的时代，因为朝代更迭，社会极为动荡，导致人民生活异常困苦艰辛。到了公元 405 年秋天，陶渊明为了养家糊口，来到离家乡不远的彭泽当县令。然而，就在这年冬天，一名上面派来的官员来视察，这位官员依仗自己身份比陶渊明高，所以特别傲慢。他一到彭泽县的地界，就派人叫县令来拜见他。

陶渊明得到消息，虽然对这种假借上司名义发号施令的人感觉很瞧不起，但形势所迫，他必须马上动身。可这时，他的秘书突然拦住陶渊明，说："参见这位官员要十分注意小节，衣服要穿得整齐，态度要谦恭，不然的话，他会在上司面前说你的坏话。"

陶渊明一向正直清高，听到这种趋炎附势的话后感到很气愤，于是再也忍不住了，他长叹一声说："我宁肯饿死，也不能因为五斗米的官饷，向这样差劲的人折腰。"随后，他马上写了一封辞职信，便离开了。他这一生中，也只当了80多天的县令，从此不再为官。

从官场退隐后的陶渊明，在自己的家乡开荒种田，过起了自给自足的田园生活。在田园生活中，他找到了自己的归宿，写下了许多优美的田园诗歌。他写农家人生活的悠然自得："暧暧远人村，依依墟里烟"，他写自己劳动的感受："采菊东篱下，悠然见南山"，他也写农人劳作的甘苦："种豆南山下，草盛豆苗稀"、"不言春作苦，常恐负所怀"。

然而，田园生活既是美好的，也是十分艰辛的，不劳作就没有收获，遇到天灾人祸，即使劳作也是一无所获。所以，晚年的陶渊明生活很贫困，再加上不幸遇到了一场大火，他的家毁于一旦，生活更是雪上加霜。到了他63岁时，便在贫病交加中去世了。

故事微语

陶渊明淡泊名利，不为五斗米折腰，这种气节令人赞叹！淡泊是一种境界，而追逐名利是一种贪欲的表现。当今社会里，能够真正淡泊名利的人不是多数。大千世界是五彩斑斓的，人们充斥其中，难免会被眼前的色彩迷失方向，在这种情况下，时刻警醒自己就变得格外重要了。

身体力行，把荣誉给别人，快乐自然留心中。面对各种各样炫人耳目的名利诱惑，要做到淡泊名利确实是一件不容易的事情。然而，只要用心去做，又有什么难呢？

淡泊是人们常常向往和追求的一种境界，人们常常把“宁静致远，淡泊明志”作为最高境界。当然，凡事都要讲究个度，不能因为打着淡泊的口号而滋生惰性之行为，从而影响工作和学习，那就得不偿失了。因此，辩证地对待“淡泊”，不管是谁，都要觉悟清醒，不断提升自己的人生价值，将淡泊的优良作风得以弘扬。

心灵箴言

富贵非吾事，归与白鸥盟。

——辛弃疾

放得功名富贵之心下，便可脱凡。

——洪自诚

完美的行为产生于完全的无功利之心。

——[意] 切萨雷·帕韦泽

第三篇

懂得珍惜：能珍爱一切的人心是暖的

人往往是失去之后才懂得珍惜，可真到了那个时候就为时已晚了。人们往往在拥有时不懂得珍惜，在失去时，却后悔莫及。但是，如果真的失去了，即使是哭干眼泪也换不回曾经的拥有。所以，学会珍爱一切，人生就会少很多遗憾。

活在当下，善待自己

故事话题

有一天，王子一个人来到花园里散步。让他感到十分诧异的是，当他走进花园的那一刹，看到花园里所有的花草树木都枯萎了，整个花园都呈现出一片荒凉的样子。

后来，王子对花园的现状进行了了解，原来，橡树因为看到自己长得没有松树那么高大挺拔而感到失望，逐渐轻生厌世而死；松树因为自己不能像葡萄一样在架上生长、不能像桃树那样开出美丽可爱的花朵，也感到十分绝望，最终郁郁而终；牵牛花随后也病倒了，因为，它总是在叹息自己不能像紫丁香那样芬芳动人。其余的植物看起来也都垂头丧气的，即使还没有死亡，却已经没有了活力。

然而，有一棵小小的心安草此时却很显眼，因为，只有它在茂盛地生长，并没有受身边的同伴的影响。

王子便问道：“小心安草啊，你看，别的植物全都枯萎了，可是，只有你依旧勇敢坚强，毫不沮丧，这是为什么呢？”

小草回答道：“敬爱的王子啊！我不灰心丧气，也没有感到失望过，是因为我知道，如果王子您想要一棵橡树，或者一棵松树、一丛葡萄、一棵桃树、一株牵牛花、一棵紫丁香等，您就会叫园丁把它们种上，而我知道您对我的希望就是要我安心地做一株小小的心安草……那么，我将自己做好就行了！”

故事解析

心安草在偌大的花园里，是那么不起眼，然而，当高大的橡树、松树以及美丽花朵们都纷纷出现消极心态，甚至最终枯萎死亡时，心安草仍旧能够气定神闲地该怎么活就怎么活。其实，这就是活好当下、善待自己的表现。也许心安草并不起眼，但它从来没有自怨自艾，相反，它时刻在保持生命的活力。

任何人都要学会善待自己，对自己好，珍惜自己，爱自己，这是做人的最基本的要求，当然，这也是对自己负责的一种表现。能够在这个世界里正常生活，已经是一件幸福的事情，所以，无论何时，无论发生什么事情都要善待自己。

善待自己，做一个冷静的现实主义者。只有这样，才能够清晰认识自己的追求。追求适合自己的生活，才能笑迎生活的每一天。

在日常生活中，要充满勇气的生活。不管你是名人还是凡人，都要学会豁达和宽容的处事方式。该要就要，该让就让，不必忸怩作态，而应光明磊落，问心无愧，这样的自己才不会因为怯懦而感到懊丧。

故事穿越

一个农民在某地买来了一种新的小麦种子，听说这个品种的小麦产量很高他才买的。邻居们后来也听到这个消息，之后都纷纷向他打听小麦的有关情况，有些人还直接问他种子的出售地点。

可是，这个农民担心大家以后都种植这种小麦，导致他失去竞争优势，于是，就一再推脱而不愿告诉别人。这样一来，邻居们买不到这种优质小麦，没有办法，就只能依旧种植原来的老品种。

可是，谁都没有想到，在收获的时候，这个农民的小麦根本没有获得预想中的丰收，和邻居们的小麦产量也没有什么两样。

农民感到百思不得其解，就急忙去请教一个农学家，问人家是怎么回事？经过专家的分析，很快查出了小麦没有取得高产的原因：原来，因为家家户户的农田相隔很近，农民的优质小麦在成长过程中接受了邻居们普通小麦的花粉，从而造成了减产。

农夫听了后悔莫及。心想：还不如让邻居和他种植一样的小麦呢！

故事微语

在生命的转弯处，我们停下脚步，朝后望一望，用宽厚仁爱的胸怀铺一条路让别人先走，既方便了别人，也方便了自己，从这个意义上来说，善待别人，也就是善待自己。

能够善待自己的人，在生活中通常可以增添更多光亮和色彩。能够做到善待自己的人，可以不必为过去的得失而后悔，不会为了当下的失意而感到烦恼，更不会为了未来的未知事情感到倍加忧愁。

要善待自己，就必须学会爱自己。达到善待自己的最高境界，这会使你在任何时候都能笑迎生活，快乐无穷，真实愉快地享受生活的每一天。

绝大多数的时候，人们的不快乐并不是别人造成的，而是自己。

心灵箴言

生命不可能有两次，但许多人连一次也不善于度过。

——[法] 吕凯特

假如生活欺骗了你，不要忧郁，也不要愤慨！不顺心的时候暂且容忍：相信吧，快乐的日子就会到来。

——[俄] 普希金

我们最好把自己的生命看作前人生命的延续，是现在共同生命的一部分，同时也是后人生命的开端。如此延续下去，科学就会一天比一天灿烂，社会就会一天比一天更美好。

——华罗庚

走到哪，就将快乐的氛围带到哪

故事话题

两个青年到一家公司求职，经理把第一位求职者叫到办公室，问道：“你觉得你原来的公司怎么样？”

求职者面色阴郁地答道：“唉，那里糟透了。同事们尔虞我诈，钩心斗角，部门经理粗野蛮横，以势压人，整个公司暮气沉沉，生活在那里令人感到十分压抑，所以我想换个理想的地方。”

“我们这里恐怕不是你理想的乐土。”经理说，于是这个年轻人满面愁容地走了出去。

第二个求职者也被问到这个问题，他答道：“我们那儿挺好，同事们待人热情，乐于互助；经理们平易近人，关心下属。整个公司气氛融洽，生活得十分愉快。如果不是想发挥我的特长，我真不想离开那儿。”

“你被录取了。”经理笑吟吟地说。

故事解析

人生不如意十之八九。遇到不如意，悲观的人自然会心灰意冷、萎靡颓废，从此一蹶不振。然而，乐观的人，却能够正视现实、不怕挫折，将挫折当成动力，对其泰然处之。

青少年要懂得做个乐观向上的人，因为，这样的人善于化挑战为机遇、视挫折为财富，即使是面对他人的嫉妒和责骂，也会当成努力前进的动力，把一时的坎坷失意当作充实和提高自己的时机，把职责岗位上能发挥的能量尽可能地发挥出来，如此终会有所成。

北宋时期，宋徽宗有个特殊爱好，就是喜欢看驴的姿态，于是，他在天下物色擅长画驴之人。

由于画家朱子明的山水画有名气，于是，各路画家都因为嫉妒他而把他推荐给了宋徽宗。朱子明心知自己受到了同行的嫉妒和暗算，但他没有因此而感到气愤，而是及时调整心态，他先是放弃了对山水画的创作，转而专心为皇上画驴。他十分勤奋并有天赋，不久，他画的驴便无人企及。他也因此而成为天下第一画驴人。

试想，如果朱子明不能甩掉包袱，乐观处事，等待他的则可能是另外一个悲惨结局。与其说是同行的嫉妒和暗算成全了朱子明，倒不如说是乐观向上的精神状态成就了他。

以乐观的心态看待生活，生活才会同样乐观地回报你。

一味抱怨的悲观者是不行的，这样的人总是看到灰暗的一面，就算是到了春天的花园里，他们也难以看到美丽的景色，而是满眼折断的残枝，墙角的垃圾……

故事穿越

一位樵夫住在山里，他十分勤奋，经过他不断地辛苦建造，最终给自己建造了一间可以遮风挡雨的房屋。

有一天，樵夫照例去砍柴，并背着木柴到城里交货，直到黄昏时才回到家中，可谁想，却发现他的房子起火了。

他看到左邻右舍都前来帮忙救火，但是，当时因为风势实在是过于强大，最终大家还是没有办法将火扑灭。没有办法，一群人只能眼睁睁地看着炽烈的火焰吞噬了整个木屋。

大火最终熄灭了。樵夫开始行动起来，他手里拿了一根棍子，跑进倒塌的屋里不断地翻找着。围观的邻居都认为樵夫是在看还能不能找得到家里值钱的东西。

过了半晌，樵夫终于兴奋地叫着："我找到了！我找到了！"

邻居纷纷上前一探究竟，才发现樵夫手里捧着的是一片斧刀，根本不是什么值钱的宝贝。

然而，樵夫却异常兴奋，他将木棍嵌进斧刀里，对大家充满自信地说："只要有这柄斧头，我就可以再建造一个更坚固耐用的房子！"

故事微语

乐观向上是一种处世理念，也是一种实际行为。在人生的道路上，任何人都避免不了遇到各种困难与挫折，重点在于，你是将挫折看成绊脚石还是垫脚石？积极心态的人，绝不会轻易被挫折击倒，而是在被击倒之后还能够积极地向成功之路不断迈进……

有人说："早成者未必有成，晚达者未必不达。"所以，眼前的磨砺不算什么，只要经过始终不渝地学习、思考和锻炼，就一定会收获到你想要的。

走到哪里，就要将快乐带到哪里，这是作为一个乐观者的重要表现。乐观处事、积极应对，这样，忧郁和愁恨便能够轻易解决，哭也是一天，笑也是一天，就看你如何选择。

心灵箴言

永远以积极乐观的心态去拓展自己和身外的世界。

——曾宪梓

乐观是希望的明灯，它指引着你从危险峡谷中步向坦途，使你得到新的生命、新的希望，支持着你的理想永不泯灭。

——达尔文

我们要抱着乐观去奋斗，我们往前一步，就是进步，不要有着愤嫉的心，固执的空想，要细观察社会病源。我们于热烈的感情以外，还要有沉静的研究，于痛苦困难之中，还要领会它的乐趣。

——瞿秋白

能够站在他人的角度想问题

故事话题

犹太人格森在日本经营着一家清酒公司。有一次，格森的公司准备开发出新品牌的清酒，为了拓宽市场，他知道龟田绝对是一个潜在的有实力的大客户，因为，据了解，这个客户开了 10 家连锁饭店。

于是，格森希望能够得到龟田的订单，想把新的清酒销售给他。格森好几次亲自上门去拜访龟田，但不幸的是，每一次都吃了闭门羹。龟田对他的态度不是十分冷淡，就是敷衍了事。

一次，他又来到龟田的办公室拜访他，当他走进办公室时，刚想向龟田友好地打招呼，就见龟田用力地拍了一下桌子，冲着他喊道：“怎么又是你，我不是跟你说了吗，我很忙，没有工夫和你浪费时间。你快走吧，

别再来烦我了！”

如果一般人遇到这种情况，想必一定忍受不了，要么直接离开，还有可能和龟田吵起来。但格森没有。他虽然也对龟田的反应感到有些惊讶，但是显得很平静，他马上想到龟田一定有什么不顺心的事才这样的。于是，他立刻用柔和的语气说：“龟田君你怎么了？好像我每次来拜访你的时候，都看到你情绪很不好，难道你有什么不顺心的事吗？我可以坐下来和你谈谈吗？”

看到格森这样善意友好，龟田平静了很多，脸上的怒气也少了很多。格森见龟田的态度有缓和，就说：“我想你一定是遇到了什么不顺心的事情。你也可以跟我说说嘛。”

这时，龟田也用相类似的语气说：“你说对了，最近公司的事情让我感到很烦。你知道我是从事连锁餐饮行业的，原本今年下半年我们公司计划好了要开 3 家分店的，并且已经万事俱备，可结果呢？上个月我的 3 个分店经理都让我的竞争者以高薪给挖走了，你要知道，为了培养他们，我可是花了不少力气的。这件事情让我感觉糟糕透了！”

格森听了亀田的抱怨后，拍拍他的肩膀说："哎，亀田君，这样的事情我也会遇到，所以我能够理解你。你看看，我们公司最近也有新的产品要上市，这也是我经常来找你的原因！早在几个月前，我费劲招来十几个推销人员，每天都给他们做培训，费了很大心血，可是，才 3 个多月的时间，十几个新的推销人员走得只剩下五六个了。"

接下来的几分钟时间里，格森和亀田开始互相抱怨，大致内容为：现在的员工是多么的难培养，公司效益多么难提升等。最后，格森突然站起来拍拍亀田的肩膀，说："好了，亀田君，让我们忘了这些烦心的事吧。正好我车上带了一箱新的清酒，搬下来请你先免费尝一尝，不管味道怎么样，过两个星期，等我们两人都把问题解决了以后，我再来拜访你。"

亀田听了后就顺口说："好吧！那你就先搬下来再说吧。"

就这样。两个人没再多说什么就互道再见离开了。结果可想而知，经过这次交谈，亀田果然成了格森的大客户。要知道，在整个谈话的过程中，格森始终没有谈及自己的产品，那他是怎样促成交易的呢？其实很简单，他花了大部分时间与亀田聊天，触动了亀田的同情心，与之建立了共鸣，这样他就自然而然地谈成了生意。

故事解析

格森能够站在龟田的角度考虑问题，所以在龟田对他出言不逊时，他并没有感到气愤，也没有因此拂袖而去。相反，他十分理解龟田，并愿意倾听龟田的抱怨，在两个人的交谈中就这样建立了共鸣。

这个故事告诉我们：在交际中，如果你能够设身处地站在对方的立场上替对方说话，将会获得意想不到的收获。

推进有效管理首先务必赢得人心。著名教育专家李希贵最重要的人生理念是“站在对方的角度考虑问题”，并认为“这是一个非常基本而许多人都想不到的思维方式”。没错，想要和一个人成为朋友或是合作伙伴，就要懂得站在对方的角度考虑问题，在遇到问题时，更要多考虑对方的感受，这样必然会轻松地和对方成为朋友。

故事穿越

有两个妇人在聊天，其中一个问道："你儿子还好吧？"

"别提了，真是不幸！"这个妇人叹息道，"他实在够可怜，娶个媳妇懒得要命，不烧饭、不扫地、不洗衣服、不带孩子，整天就是睡觉，我儿子还要端早餐到她的床上呢！"

"那女儿呢？"

"那她可就好命了。"妇人满脸笑容，"他嫁了一个不错的丈夫，不让他做家事，全部都由先生一手包办，煮饭、洗衣、扫地、带孩子，而且每天早上还端早点到床上给她吃呢！"

同样的状况，但是当我们从自己的角度去看时，就会产生不同的心态。站在别人的立场看一看，或站在对方的角度想一想，很多事就不一样了，你可以有更大的包容，也会有更多的爱。

故事微语

这个故事中的那个妇人，抱怨自己的儿媳懒得要命，一提到儿子对儿媳好就十分不悦，而一提到女儿在婆家什么都不用做就开心极了。这是典型的只站在自己的立场想问题的结果。

因为环境和角色的不同，我们每个人对待同一件事情的看法通常都会不一样，这样，就不能随意断言别人的观点就是错误的，自己的观点才正确。我们每个人都有各自不同的角色，因此在人际交往的过程中，我们都习惯于从自己所扮演的角色出发去看待问题，并对别人的观点和行为做出主观的判断。

学会站在他人的角度想问题，那么，就能很好地避免与他人发生冲突。只要换位思考，我们就能够理解别人的各种行为了，即使有些行为并不是我们所认同的。这样的话，我们的生活中就会多了一份和气，少了一份怨气，生活也就会更加和谐。

心灵箴言

尊敬别人就是尊敬自己。

——[英] 高尔斯华绥

不会宽容人的人，是不配受到别人的宽容的 。

——[德] 贝尔奈

人一生下来就离不开别人；谁只为自己活着，谁就枉活一世。

——[美] 弗·夸尔斯

健康是支持人们行为、想法的保证

故事话题

一名妇女看到三位留着花白胡子的老人坐在自己家门口。妇女不认识他们，就问："我怎么没见过你们？你们坐了多久，是不是饿了，请进来吃些东西吧。"

一位老者问道："男主人在家吗？"

妇女回答："不在，他出去了。"

老人们答道："那我们不能进去。"

傍晚时分，妇女的丈夫回来了，她和丈夫说了所发生的事。丈夫说："快去告诉他们我在家，请他们进来。"

妇女又出去了，要将三位老人请进屋。但是，老人们说："我们不一起进屋。"

其中一位老者指着身旁的两位解释："这位的名字是财富，那位叫成功，而我的名字是健康。我们不能同时进去，你需要回去和你丈夫讨论一下，看你们愿意我们当中的哪一个进去。"

妇女回去将此话告诉了丈夫。丈夫说："这样的话，就让财富进来吧，有了财富，我们就能黄金满屋了。"

妇女却不同意："我们还是请成功进来更妙！"

他们的女儿在一旁倾听。提出抗议，说："为什么不请健康进来？有了健康，我们一家人身体健康，就可以幸福地享受生活、享受人生了，我觉得这才是最重要的。"

夫妻二人相互看了看对方，觉得孩子说得有理，就听了孩子的劝告。

妇女出去问三位老者："敢问哪位是健康？请进来做客。"

健康起身向她家走去，然而此时，另外两人也站起身来，紧跟在健康的身后。妻子吃惊地问财富和成功："我只邀请了健康。为什么两位也随同而来？"

两位老者道："健康走到什么地方我们就会陪伴他到什么地方，因为我们根本离不开他，如果你没请他进去，我们两个不论是谁进去，很快就会失去活力和生命，所以，我们在哪里都会和他在一起的！"

故事解析

健康的身体才是拥有一切的最基本保障。没有健康作为保障，就算你有巨大的财富也不能享有；有再大的成功也变得毫无意义。如今，人们丰衣足食，越来越多的人注意到健康给人们带来的重要性。

人人都希望自己健康、长寿、高质量的生活。的确，拥有健康，才能拥有一切，有健康的身体才能挑起生活的重担，才能为人民服务，才能对社会有所贡献，才能享受生活带来的幸福。

生命是宝贵的，俗话说："长江一去无回头，人老何曾再少年"，生命对于人只有一次，人们没有理由不重视它。健康也必定会成为新世纪人们的基本目标，而追求健康，也会像人们追求财富和成功一样，被人们追捧为一种时尚。

故事穿越

一个女教师，在开学的前一天晚上就感觉自己的嗓子有点不舒服，那时候，她觉得只是小毛病便没有在意。可是，让她没有想到的是，到了第二天早上她竟然失声了！

因为白天还要给学生们上课，她一下子不知道怎么办才好。于是，她的心情很是沮丧，对白天的课程感到担忧。

来到学校后，她先走进教室，那时候学生们在晨诵，她示意让大家自己读，自己却没有领读。过一会，她觉得这样不好，就叫来班级的班长代替她给同学们领读。到了上课的时间，女教师拿起小话筒，最开始，她的嗓子还能小声地说话，可是勉强了一节课后，干脆一点声音都发不出来了。

此时的她特别后悔在前一天晚上发现问题时没有重视，否则，如果当时吃一些药必然能够起到缓解作用，而现在，病情显然是加大了。

故事微语

健康是一个动态的概念，如果你疏忽了健康的重要，那么健康也将疏忽你。

身体是生活和工作的本钱，人人都期盼健康，拥有健康身体十分重要。想要拥有健康，需要培养自己拥有良好的生活方式、饮食习惯，同时注意自己心理方面的健康问题，这些都是不容忽视的。

生活当中有许多有益于健康的科学常识，认识不到位就会酿成苦果。养生之计在于人，每个人的健康要靠自己去争取。在平时，青少年们应该多花一些时间培养健康意识，珍惜自己，珍惜健康，珍爱生命，尽量让自己活得舒心畅快一些，为美丽的人生积蓄力量。

心灵箴言

只有身体好才能学习好、工作好，才能均衡地发展。

——周恩来

身体是一切前进活力的源泉，有了好的身体才能寻求幸福。

——陶行知

健康的身体乃是灵魂的客厅，有病的身体则是灵魂的禁闭室。

——[英] 培根

用感恩之心面对生活

故事话题

一个小女孩天生失语，她从小和妈妈两个人相依为命。她的家很贫穷，妈妈每天辛苦工作回来后，都不忘给她带一块小小的年糕。所以，等年糕到来是她最大的快乐。

有一天天气不好，下了很大的雨，女孩等到很晚，都已经过了晚饭时间，妈妈却还没有回来。只见天越来越黑，雨越下越大，小女孩实在待不住了，决定顺着妈妈每天回来的路自己去找妈妈。

很不幸，当她看见妈妈的时候，妈妈手里还拿着一块小小的年糕，但是妈妈却永远地离开了她。小女孩在妈妈身边不知哭了多久，但是，她知道妈妈不会再醒来了，她要靠自己生活了。她希望妈妈能够安心地走，所以她最终选择了坚强面对。

为了鼓舞自己，小女孩在雨中用手语做了好多遍这首歌《感恩的心》，就这样，她的泪水和雨水混在一起……

故事解析

生活有苦有甜，我们用一颗感恩的心去微笑面对，只有学会感恩，才能拥有快乐和幸福，也能从中获取到勇往直前的力量！

感恩是一种宽容和豁达的态度，因为活着，所以感恩，这也是一种伟大的情操。世上的一切都值得我们感恩，只有心怀感恩，我们才会生活得更加美好。

一次，美国前总统罗斯福家失盗，被偷去了许多东西。一位朋友闻讯后，忙写信安慰他，劝他不必太在意。罗斯福给朋友写了一封回信：“亲爱的朋友，谢谢你来信安慰我，我现在很平安。感谢上帝：因为第一，贼偷去的是我的东西，而没有伤害我的生命；第二，贼只偷去我部分东西，而不是全部；第三，最值得庆幸的是，做贼的是他，而不是我。”

我们需要相信：目前我们所拥有的，不管是逆境还是顺境，都是对我们最好的安排。若能如此，我们才能在顺境中感恩，在逆境中依旧心存喜乐。

故事穿越

在法国一个小镇上，有一个被传诵得神乎其神的水泉，人们说这个水泉可以医治百病。有一天，一个少了一条腿，拄着拐杖的退伍军人来到这里，他吃力地走过镇上的马路，当旁边的人们看到他后，都觉得他是个可怜的人，于是不禁说道：“可怜的人啊，难道他想祈求上帝再给他一条腿吗？”

退伍军人听到了这句话，安静淡然地对大家说：“我没有想过祈求上帝再给我一条腿，而是想请他帮助我，告诉我在没有了一条腿的情况下，也知道如何生活。”

故事微语

生活总是现实的。那个军人之所以没有绝望，是因为他知道自己并没有失去一切，他怀有一颗感恩的心。

感恩是一种处世哲学，是生活中的大智慧。不要总是认为自己是不幸的，其实幸与不幸以不同的方式存在于我们之间。如果在你拥有时认为那是理所应当，那么在你失去之后也应该平静接受。就像那个少了一条腿的退伍军人，忘记过去、直面未来，最终要的，就是学会感恩。

人生在世，必然要经历种种失败，如果一味埋怨生活，并因此而变得愈加消沉、萎靡不振，那么人生也就因此失去了颜色。英国作家萨克雷说：“生活就是一面镜子，你笑，它也笑；你哭，它也哭。”

感恩不是一种心理安慰，也不是对现实的逃避，更不是阿Q的精神胜利法。但是，感恩能够帮助人们沉淀许多浮躁、不安，消融许多不满与不幸。

心灵箴言

人要懂得感恩，一定要学会感恩。

——权振东

生活需要一颗感恩的心来创造，一颗感恩的心需要生活来滋养。

——王符

我的手指还能活动，我的大脑还能思维；我有终身追求的理想，我有爱和爱我的亲人朋友；对了，我还有一颗感恩的心……

——[英] 霍金

第四篇

宽容忍让:包容万事,释然自己

宽容是建立良好的人际关系的一大法宝，以德服人是形成凝聚力的重要武器。退一步海阔天空。人生的旅途上，不一定、也不可能每一步都向前。凡事退一点，不但留给别人一点余地，也是对自己的一种修行。

“退一步”是人生的崇高智慧

故事话题

在19世纪末期美国的一家小旅馆里，吉列先生正一边刮脸一边听着收音机。

突然，吉列感到脸上火辣辣的疼，他的脸又被自己刮破了，吉列一照镜子，果然，鲜血已经流了出来。吉列感到很沮丧，他长着络腮胡子，如果想要美观点，每天早晨就得刮脸，可是每天早晨的时候，吉列都会被刮破脸。

愤怒之余，他想到在美国肯定还有很多人也深受这种老式刮脸刀的痛苦，与其天天因为这件事情而生气，不如自己开发一种既安全又舒适的剃须工具！这样既可让刮脸成为一种乐趣，又可成为自己的生财之道。

经过几个月的反复设计，吉列真的设计出了一种T型安全剃须刀，这种剃须刀相对于老式剃须刀来说，简直安全极了！根本不会刮伤脸。

可是，人们似乎并不认可吉列设计的这款剃须刀，甚至很排斥这种剃须刀。第一年，吉列只卖出去51把剃须刀和100多片刀片，他连本钱都没收回来。

很快，吉列就要被这种剃须刀弄得倾家荡产了，如果再不盈利，后果很难想象。吉列想了好久，他没有沮丧，而是将这种T型剃须刀设计分为刀片和刀架，他大量制造这种刀架和刀片准备孤注一掷。

有一天，吉列派工人在街头免费散发刀架和说明书，同时还有少量的刀片。因为那个时候给顾客免费发放物品这种事情在美国来说还是很罕见的，因此好多美国人都争着来领这种新型剃须刀，这些人里大部分是男人，也有为丈夫去领的女人。吉列准备的几千个剃须刀，不到一个小时就完全发完了。

当人们亲自试用这种剃须刀时，才发现吉列设计的这种剃须刀安全舒适，剃须简直就是一种享受。时间一久，大家发现刀片逐渐变钝了，可是此时，他们已经习惯了这种舒适的剃须方式，便纷纷想要购买刀片。于是，吉列设计的这种T型安全剃须刀很快打开了市场。

后来，吉列生产的剃须刀不仅占据了美国的市场，就是在世界上，吉列的剃须刀也很畅销，最终吉列剃须刀成了世界名牌，吉列也成为了美国屈指可数的大富翁。

后来，有人问吉列：“给人们免费送剃须刀，您就不怕破产吗？”

吉列回答：“我也很担心破产。可是，我如果不这样做，那就只有破产一条路了。既然退一步会有机会，那么为什么不去试一试呢？”

故事解析

退一步海阔天空，吉列在一筹莫展的时候，想到了一个可以绝处逢生的想法，最终创造了奇迹。所以，吉列的成功，就是在于他懂得退一步，在面临破产的边缘时期，他果断选择免费向人们发放剃须刀，也因此得到了更大的机遇。有的时候，适当的后退一步也是机遇。

有些事情，看起来似乎很难实行，这时，如果不一味迎头去追，而是懂得退一步缓和一下，事情也许就会出现转机。

人生的旅途上，不一定、也不可能每一步都向前。回头是岸，能退一步想，海阔天空；凡事退一点，不但留给别人一点余地，也是对自己的一种修行。

故事穿越

汉代一个叫公孙弘的人，他年轻时家里很贫穷。后来他当上了丞相，但生活还像以前一样十分俭朴。他吃饭总是只吃一个荤菜，睡觉只盖普通的被。

有一天，大臣汲黯向汉武帝参了他一本，批评公孙弘位列三公，有相当可观的俸禄，却只盖普通被，实质上是沽名钓誉，目的是为了骗取俭朴清廉的美名。

汉武帝问公孙弘："汲黯所说的都是事实吗？"

公孙弘听后没有任何反驳，淡然地回答道："汲黯说的一点也没错。在满朝大臣中，他与我交情最好，也最了解我。今天他当着众人的面指责我，正是切中了我的要害。我位列三公而只盖普通被，生活水准和普通百姓一样，确实是故意装清廉以沽名钓誉。如果不是汲黯忠心耿耿，陛下怎么会听到对我的这番批评呢？"

汉武帝听了公孙弘的一番话，觉得他心怀坦荡，根本没有为之做任何辩解，没有沽名钓誉之嫌。想到他对指责自己的人没有恶语，反而大加赞赏，足以看出他是个有大度量的人。汉武帝深知这是公孙弘表现出来的退让的智慧，所以，不但没有治他的罪，反而更加尊重他了。

故事微语

退让不是消极，更不是懦弱的表现，相反，这是一种有利于问题解决的态度。退让，还是人们谋图上进，对自己进行深刻反省的方法。也有人说：“退让实际上是一种内敛的态度，一种豁达的品性，一种通达的人生观，是一种对人生的大彻大悟，更是智者的风范。”

钢铁大王卡内基在修筑宾夕法尼亚铁路时，为了争得铁轨的独家生意，他把自己新建的炼钢厂以宾夕法尼亚铁路公司董事长汤姆生的名字命名。这一招果然奏效，不费一文钱，汤姆生就宣布无条件地购买卡内基工厂生产的铁轨。从此，卡内基的事业很快就兴旺起来。卡内基之所以能够顺利地争得铁轨订单，靠的是主动让名，这里面实际上就是一种退让的智慧。让出自己的名声，得到的却是更大的利益。

很多时候，与朋友或同事发生的一些大的矛盾或分歧，在最起初时也许只是小小的意见不合，而人们为了所谓的“面子”都不愿意退让，怕从此被人看低，最终把小小的不合演变成了不可收拾的争端，两败俱伤。如果当初懂得让步，就能够避免之后的若干麻烦。正所谓“忍一时风平浪静，退一步海阔天空”。

身居低处，自然引川入海；志在高远，方能举重若轻。

很多事情，并不是一定要与他人争论不休才能够解决，相反，想要简单而轻松地解决问题，不如选择退让一下，这对我们的生活甚至整个人生并没有多大影响。

心灵箴言

巧言乱德，小不忍则乱大谋。

——《论语》

忍一时风平浪静，退一步海阔天空。

——《增广贤文》

不急功近利，不患得患失，坚定不移地奠定基础、创造条件，自会有妙手偶得的乐趣。

——乔夫

大度看待他人的过失

故事话题

人们以这样的话来评价比尔·盖茨：“你可以爱他、讨厌他甚至恨他，但你永远都无法忽视他——这就是比尔·盖茨的魅力。”

英国外交部于2004年宣布：比尔·盖茨被英女皇授予英帝国爵级司令勋章，以表彰其在英国的企业发展、就业、教育和志愿事业等方面做出的杰出贡献。

在比尔·盖茨的职业生涯之中，曾经获得过太多的成功，当然，也经历过无数次的失败。但是，当他退休之后，人们便不再关注他的成功和失败。尽管他曾经因为违反了商业法规进行垄断经营，但是人们原谅了他的过失，甚至他的竞争对手也原谅了他曾经犯下的错误。

一方面，大家的态度体现着美国人民对这样一位伟大的人物所呈现出的伟大的宽容心，另一方面也正是因为比尔·盖茨知错就改的良好态度让他在人们心中留下了一个好印象。

在比尔·盖茨辞职的那一天，他给微软所有的员工都发了一封电子邮件，里面写道：“在过去31年里，我的身心一直投入在世界上最棒的工作中。我和世界上最顶尖、最热情的同人们一起创造了这个公司，让全世界无数人拥有了强大的力量。我们仅仅处于软件时代的开端，我很期待看到微软的影响究竟能有多大……在今后的两年中，我还将和你们并肩战斗，实现这些梦想。”

可见，比尔·盖茨对他的员工的感激之深。

正是因为大家的努力，才让他在犯过错误之后重新赢得了公众的信任。也正是公众在原谅了比尔·盖茨的错误之后，继续给予他足够的支持，才成就了这样一位世界伟人。

故事解析

原谅别人的过失并不是一件难事，很多事情都是没有必要无限度纠结下去的，在一定程度上，原谅他人也是对别人信任的一种表现。因为信任，所以不会因为某一次的过失而彻底对他丧失信心；依旧愿意把这件事情交给他去处理；希望看到他能够继续把这件事情做好……

历史上，身为上卿的蔺相如曾数次回避大将军廉颇的挑衅，他顾全大局，不计个人得失，宽容大度的高贵人格，最终感动了气势逼人的当朝元老廉颇，廉颇亦负荆请罪，两人重新和好相处，为赵国的安定和平做出了巨大贡献。蔺相如与廉颇的故事成为千古美谈。

宽容忍让，是人与人之间和谐相处的准则。处理学生矛盾的关键也是教会学生学会宽容忍让。

所以说，大度一些，包容他人的过失也是一种大智慧。原谅他人，释然的却是自己。中国历来是礼仪之邦，从古至今，大家都在提倡“仁义”“礼让”，就是希望能够塑造好品质，对别人的错误采取宽容忍让，达到“以礼待人”，这样才能和他人和睦相处。

故事穿越

诸葛亮去世后，蜀国任用蒋琬主持朝政。他有个叫杨戏的属下，性格极为孤僻，讷于言语。平时蒋琬和他说话，他也通常只应不答。

有人看不惯他的样子，就在蒋琬面前说他坏话："杨戏这人对您如此怠慢，太不像话了！"

蒋琬听后只是淡然一笑，然后说："人嘛，都有各自的脾气秉性。让杨戏当面说赞扬我的话，那可不是他的本性；让他当着众人的面说我的不是，他会觉得我下不来台。所以，他只好不做声了。其实，这正是他为人的可贵之处。"后来，有人赞蒋琬"宰相肚里能撑船"

故事微语

对于一个群体而言，胸襟开阔，无疑是一种创造和谐气氛的调节剂。所以，大度一些，你的生活圈子也会因此而变得轻松很多。

在武则天统治时期，有个丞相叫娄师德，史书上说他“宽淳清慎，犯而不校”。意思是：处世谨慎，待人宽厚，对触犯自己的人从不计较。可见，大度能够帮助你更好维护人际关系，但也要注意一点：大度不是懦弱忍让。

不辨是非、不讲原则的一味忍让、屈从，这种只顾保全自己的做法，并不是真正的宽容。胸襟开阔并非等于无限度地容忍，包容并不等于对已构成危害的犯罪行为加以接受或姑息。但对于个人而言，宽容往往会使人有更好的人际关系，自己在心理上也会减少仇恨和不健康的情感。

宽容是能够让人品德高尚的好习惯。我们应该培养这个习惯，从现在开始，用宽容、豁达的品行，开创我们事业的美好前途。因此，宽容是建立良好的人际关系的一大法宝，以德服人是形成凝聚力的重要武器。只有用“德”去治人，治你的事业和天下，你才会信心百倍地走向成功，同时你的完美个性才能得到体现。

心灵箴言

由来大度士，不受流俗侵。

——唐颜谦

遇方便时行方便，得饶人处且饶人。

——吴承恩

一个伟大的人有两颗心：一颗心流血，一颗心宽容。

——[美] 纪伯伦

包容不是一味地迁就

故事话题

过去十几年了，乔纳斯仍旧忘不了1995年的圣诞夜。

那天晚上，乔纳斯参加了大学同学组织的圣诞晚会。当晚会结束时已经快凌晨了。乔纳斯着急回家，于是走得飞快，几乎和跑差不多了。

当他走到一个路口时，正好赶上红绿灯变化。在乔纳斯眼前的赫然是红灯，也就是说，此时他应该“止步”了！灯里那个小小的影儿从绿色的、大步走路的形象变成了红色的、双臂悬垂的立正形象。

这个时候，乔纳斯左右看看，根本没什么车辆，便毫不犹豫地准备过马路……

“站住！”突然，乔纳斯身后传来一个苍老而有力道的声音，打破了沉寂的黑暗。乔纳斯被这个声音吓得一惊，原来是一对老夫妻。

乔纳斯转过身，惭愧地望着那对老人。

老先生说：“现在是红灯，不能走，要等绿灯亮了才能走。”约克的脸热了起来。他喃喃地说：“对不起，我看现在没车……”

老先生说：“交通规则就是原则，不是看有没有车。任何情况下，任何人都必须遵守原则！”从那一刻起，约克再也没有闯过红灯，他也一直记着老先生的话：“任何情况下，任何人都必须遵守原则！”

故事解析

生活中，原则与规则一样重要，没有任何人在任何情况下可以破坏它，否则就将受到惩罚。就拿包容来说，没有原则、没有限度的包容是绝对不行的。

如今，人们的生活水平提高了，在国家“只生一个好”的号召下，家里的孩子便成为整个家庭中的宝，享受全家人的宽待。有些家长为了能够更好地“爱”孩子，选择对孩子进行一味迁就……这是不对的。

每个青少年都需要长辈的呵护，直到走进社会中。你们要懂得，不要奢求他人的迁就，把自己做好才是最重要的。当然，学会包容他人的同时，注意不能过了一个限度，不管什么事情，如果将力度拿捏好，一切就会变得简单起来。

故事穿越

一个少年流浪到一个寺庙。每到吃饭的时候，他就怅然万分地盯着菩萨，好像是在祈盼什么。大师们见他实在可怜，总是催促弟子快些给他送去食物。

渐渐地，这个少年与寺庙里的弟子们熟络起来，每当自己肚子饿了的时候，就毫无顾忌地直接让弟子去找大师要食物。弟子总是一听到少年肚子饿就匆忙地去找大师。可后来，大师却总想出各种理由推迟片刻后才让弟子备好食物，还吩咐慢些给他送去。

如此这般次数多了，弟子疑惑不解地问大师：“为什么您以前急着要给少年送食，而现在却总在故意延迟呢？”

大师微微地笑着说：“以前他是想吃东西，我们给他送去食物，那是在成全；而如今他是要东西吃，我们再给他送去，则成了迁就。成全是帮他，所以要快；迁就是害他，所以要慢呀！”

故事微语

过分迁就他人不是明智之举，这个道理每个人都应该懂得。日常生活中，很多人却往往忽略了这一点。我们常见一些父母对孩子宠爱有加，什么都顺从迁就，他们这样做以为是对孩子的一种爱。

少管所朋友说到这么一个例子。有一个抢劫犯，父母做生意平日很少管他，只要他开口要钱，从不问他做什么用，事后也不问花了多少。

这样，在他读小学五年级就开始学会抽烟喝酒赌博。而他的父母发现这些劣迹后也没对他采取措施，只是对他说，从今再不给他钱。从那时起，他开始偷同学的钱，不想一次被同学当场抓住，老师带他见父母，哪知父母当着孩子的面不但不批评，反而对老师说："我们有的是钱，他怎么会去偷人家的钱？你们一定是搞错了。"

诸如此类的事情还有很多，所以，任何事物都有一定的"度"。

心灵箴言

人之心胸，多欲则窄，寡欲则宽。

——金缨

人心不是靠武力征服，而是靠爱和宽容征服。

——[俄罗斯] 斯宾诺莎

人们应该彼此容忍：每一个人都有弱点，在他最薄弱的方面，每一个人都能被切割捣碎。

——济慈

多奉献，少计得失

故事话题

刘备在白帝城病危，诸葛亮在离开蜀地前让魏延分兵四路守汉中，马超领兵屯成都，令费祎和蒋琬辅佐刘禅监国辅政，这样一来，就确保了蜀国在刘备去世后不会发生什么动荡。

诸葛亮一生为国家奉献，从来都不计个人得失。身为蜀国首辅大臣，十分清廉，从来不收受贿赂，平时总是布衣素食，私囊羞涩。那时候，为了鼓励巨商富贾出钱资军，对于皇帝赐给他的东西，他都如数上交国库军库，以筹备军饷军费。

由于诸葛亮的奉献精神，让蜀国上下都对他敬重有加。

在诸葛亮去世的时候，据说，举国哭声震天，一些军人、百姓都哭得双眼流血，甚至失明，还有人直接哭死了！皇帝刘禅更是出城百里迎接孔明棺椁，足可见诸葛亮平时是个顾全大局的人。在他的引导下，不仅使蜀国具备超强的凝聚力，还为国家带来了很多积极的影响。

除此之外，诸葛亮在临终前对蜀国权力的分配，也是他顾全大局的一种表现。

故事解析

少计算个人得失，拥有大局观的人往往备受人们尊敬。成大事者，不能因为一些鸡毛蒜皮的小事就计较不休，这样，就算得到了一些利益，却也影响了日后的发展。

就好比在河边捕蟹的人，他们都背一个大蟹篓，但大多都没有上盖。许多初见的人很好奇，提醒他们说："蟹篓不盖上盖子，不怕抓来的蟹跑掉吗？"

这些捕蟹人都笑了："蟹篓可以不盖，因为要是有蟹想爬出来，别的蟹就会把它钳住，结果谁都跑不了。"

生活中，有很多人偏偏就像蟹一样，最终死在了自己的计较上。

故事穿越

尤利乌斯是个出色的画家，他喜欢画快乐的世界，因为他本身就是一个特别快乐的人。只是，他的画看起来是那么令人心情愉悦，但就是没有人买他的画。为此，他也会有一点伤感，但只是一会儿的时间。

“玩玩足球彩票吧，”他的朋友们劝他，“只花两马克便可赢很多钱！”

于是，尤利乌斯花两马克买了一张彩票，并真的中了彩！他赚了50万马克。

“你瞧！”他的朋友都对他说，“你多幸运啊！现在你还用经常画画吗？”

“我现在只画支票上的数字！”尤利乌斯笑道。

尤利乌斯买了一幢别墅并对它进行了一番装饰。他很有品味，买了许多好东西：阿富汗地毯、维也纳橱柜、佛罗伦萨小桌、迈森瓷器，还有古老的威尼斯吊灯。

尤利乌斯很满足地坐下来，点燃一支香烟静静地享受他的幸福。突然他感到好孤单，便想去看看朋友。如同在原来的那个石头做的画室里一样，他把烟往地上一扔，然后就出去了。

燃烧着的香烟躺在地上，躺在华丽的阿富汗地毯上——一个小时以后，别墅变成一片火的海洋，它完全烧没有了。

朋友们很快就知道这个消息了，他们都来安慰尤利乌斯：“真是不幸啊，尤利乌斯！”

“有什么不幸的？”尤利乌斯说。

“损失啊！尤利乌斯，你现在什么都没有了。”

“什么呀？不过是损失了两个马克而已！”

故事微语

尤利乌斯是个不喜欢计较得失的人，在他的眼里，快乐是最重要的，如果因为失去一间房子就郁郁寡欢，从此失去生活的意义，那样就太不值得了。相反，即使是失去了房子，他却将乐观开朗的心态带给了朋友们。

人们在生活中难免会感觉患得患失，这就是背负了太多牵累和计较所造成的。在面对得失时，如果能够换一个角度去看待，心情就会变得不一样，因为，得失不过如此。

失去也意味着一种得到：磨练换来成长，辛勤带来收获，泪水领略人生百味，挫折引领成功之路……

人生苦短，要来的阻挡不了，要去的挽留不住。在这得失之间，只要你耕耘过就是成功，收获多少并不是成败的唯一标准，重要的是藏在细枝末节里终身难忘的酸甜苦辣。

心灵箴言

奉献乃生活的真正意义。

——[奥地利] 阿德勒

人当活在真理和自我奉献里。

——[丹麦] 庞陀彼丹

爱，首先意味着奉献，意味着把自己心灵的力量献给所爱的人，为所爱的人创造幸福。

——[苏联] 苏霍姆林斯基

尊重也是一种宽容

故事话题

有一个农人，走进深山去找灵芝，在树林里迷了路。太阳下山以后，树林里一片漆黑。他急着回家，在黑暗中横冲直撞，脚底一滑，掉进一个天然陷阱。

这个陷阱有五六个人那么深，如果掉进一只大象，也一定会被活活困死在里面；如果掉进一只老虎，任它怎么跳跳，也逃不出去。这个人的运气还算不错，因为陷阱底部有一层松软的土。他掉下去的时候，只扭伤了一条腿，没有受到其他的伤害。陷阱的四壁都很陡，攀爬出去根本不可能。他攀爬过几次，结果都跌回原地，只有坐下来了。等待天亮。

好不容易天亮了，如果有人上山，这时候也该来到陷阱附近了。他开始一声声地喊救命，希望有人能够救他。快到中午的时候，有个人出现在高高的阱口，是一个猎人，背上背着一个孩子。

猎人问："是谁在下面？"

农人回答："我是个农人，昨天晚上掉下来的，你能不能想办法救我出去呢？求求你做件好事。"

猎人说："我很愿意，但是我的孩子生了急病，我想送他去山的那一边看医生。"

下面的农人听了，马上着急地说："快去，快去，孩子的病要紧，山路太陡了，你要小心啊！"

说到这里，农人的身体一下子变得轻飘飘的，他看到那个猎人脸上发出圣洁的光辉，背上的孩子也不见了，原来是个天使。

天使说："你自己遭难，却还能尊重我的意愿，你能把别人的困难看得比自己的困难重要，这样的好人，我能不救吗？"

农人拜谢天使。

故事解析

尊重他人是一种美德，通常，拥有宽容心境的人最懂得尊敬他人。我们都渴望能够和他人和谐相处，然而，想要做到这一点，最应该掌握一个简单实用的方法——尊重他人。如果你只知道自己应该受到尊重，却不知道尊重别人，那么你所期盼的“任何人的和谐关系”就不复存在了。

尊重他人就是尊重自己。

尊重他人更是一种高尚的美德，是个人内在修养的外在表现。能做到尊重他人的人，他的修养一定很高，是个拥有内涵的人。尊重是一种品德，青少年不管是在学习还是生活中，都应该自觉践行尊重，因为每一个人都希望得到他人的尊重。

故事穿越

在美国，一位颇有名望的富商在路边散步时，看到一个悲惨的年轻人，那人衣衫褴褛，他是个摆地摊卖旧书的人，此时，他正在寒风中啃着发霉的面包。富商也有过同样的遭遇，所以对他萌生一股怜悯之情，便不假思索地将8美元塞到年轻人的手中，然后头也不回地走开了。

可是，没走出多远，富商突然觉得自己刚才的行为有些欠妥当，于是赶忙折返回来，从地摊上拿了两本旧书，并抱歉地解释说自己忘了取书，希望年轻人不要介意。最后，富商郑重其事地告诉年轻人说：“其实，您和我一样也是商人。”

这件事情就这么过去了。在两年之后，富商应邀参加一个商贾云集的慈善募捐晚会时，一位西装革履的年轻书商迎面向他走来，并突然紧握住富商的手，十分感激地说：“先生，您可能早忘记我了，但我永远也不会忘记你。我一直认为我这一生只有摆摊乞讨的命运，直到你亲口对我说，我和你一样都是商人，这才使我树立了自尊和自信，从而创造了今天的业绩……”

故事微语

也许富商自己都没有想到，在两年前做了那么一件极为普通的事，说了一句普通的话，但是，结果竟能使一个原本自卑、被人怜悯的人树立了自信心！这就是尊重他人的结果。

一个自以为一无是处的人看到了自己的优势和价值，因为富商的尊重行为，终于明白了自己的存在价值，从此开始发愤图强，仅仅用了两年时间，就将自己打造成为一个出色的书商。不难想象，这位富商在当初即便是给年轻人再多的钱，都没有那一句尊重鼓励他的话来的重要。否则，年轻人也断不会出现人生的剧变。这就是尊重的力量！

心灵箴言

尊重别人，才能让人尊敬。

——[法] 笛卡尔

尊重别人的人不应该谈自己。

——[俄] 高尔基

尊重生命、尊重他人、也尊重自己的生命，是生命进程中的伴随物，也是心理健康的一个条件。

——[美] 弗洛姆

第五篇

接纳瑕疵：看开人生中的那些不完美

万事不应过度追求完美，能够做到自然才是最恰当的。不管做任何事时，都需要保持一颗平常心去看待。因为，过度苛责的后果只会离“完美”越来越远……青少年们不要总纠结于不完美的事情，要知道，不用不理想的事物苦苦折磨自己才是聪明人应该做的事情。

追求完美，但不苛求完美

故事话题

《茶之书》中，有一则有趣的故事。

茶师千利休看着自己的儿子少庵打扫庭院。眼看儿子就要完成工作时，茶师却要求儿子再重新打扫一次。

于是，少庵又花了一段时间重新打扫了庭院。然后，儿子对他说：“父亲，已经没事可做了。石阶洗了三次，石灯笼也擦拭多遍。树木洒过了水，苔藓上也闪耀着翠绿，没有一枝一叶留在地上。”

茶师听到儿子这样说，没有喜悦感，反而斥道：“傻瓜，这不是打扫庭院的方法。这像是洁癖。”

说着，他步入院中，用力摇一棵树，抖落一地金黄色的树叶。茶师说，打扫庭院不只是要求清洁，也要求美和自然……

其实，茶师千利休并不是在给儿子找麻烦，而是在训诫儿子，做事太苦、太枯的苛求绝对完美的心态与做法，并不可取，因为，这不仅违背自然，也往往使我们离完美更远。

故事解析

茶师教育儿子的故事，其实是告诉人们一个简单的道理，那就是万事不应过度追求完美，能够做到自然才是最恰当的。不管做任何事，都需要保持一颗平常心去看待，不能去苛求绝对的完美。

过度苛责的后果只会离“完美”越来越远。虽然对自我的严格要求算是一种良好的品质，会催人奋发。但一旦要求到了完美的地步，反而起到了反作用，因为，这会令人变得苛刻。所谓“物极必反”，往往事倍功半。要知道，太完美也是一种伤害，并不能使你的身心收获到益处，心情也不会因此而感到愉悦。

如今，社会充满竞争，人人行色匆匆，几乎每个人的背上都有个沉重的包袱，但即使这样，也注意不要苛求太过，否则导致明明是在追求成功与幸福，却往往事与愿违，与所愿背道而驰，离幸福反而更加遥远。

故事穿越

有位渔夫，他下海捕捞时幸运地捞到一颗晶莹剔透的大珍珠，对此爱不释手。只是，在他的细心观察下，看到珍珠美中不足的是，里面有个小黑点。渔夫觉得可惜，想：如能把小黑点去掉就好了，那么，珍珠将变成无价之宝！

于是，渔夫试图将珍珠剥掉一层，但是黑点还在。渔夫不甘心，又剥一层，可黑点还是没有去掉。就这样，渔夫一层层地剥到最后，黑点没有了，珍珠也不复存在了。

故事微语

实际上，珍珠拥有的那个黑点，正是其浑然天成的可贵之处，但渔夫不懂其美，并苛求它白璧无瑕，于是，这样一颗珍贵的珍珠就这样被毁掉了。

美在自然，美在朴实，美在真切。然而，渔夫却不懂得这些。他希望拥有极致完美的东西，殊不知，在他消除了所谓的不足时，珍珠真正的美也消失在他追求过于完美的过程中了。

残缺也是一种美，如同丧失双臂的维纳斯，它给人无限的遐思。人们不应该以自己的狭隘之心去苛责其不完美，最终将其毁灭。

在现实的生活中，对任何事情都不应过于苛求自己，否则，你会活得越来越累，最终生活在孤寂和焦灼之中。相反，你应该接受生活中的不完美，并逐渐变成一个能够发现美、创造美和享受美的人。

不要盯着不完美，用不理想的事物苦苦折磨自己。这才是聪明人应该做的事情。

完美和不完美，在不同的人眼里是不同的。对于不太完美的事物，请慎重对待它，也许它并不像你想象中的那样讨厌和不足。人世间，完美，不完美，其实只存在于一念之间。

心灵箴言

完美的行为产生于完全的无功利之心。

——[意] 切萨雷·帕韦泽

极少有几个生活的榜样是完美和纯粹的。

——[法] 蒙田

我能坚持我的不完美，它是我生命的本质。

——[法] 法朗士

能够勇敢地面对现实

故事话题

罗琳在丈夫去世后，和挚爱的儿子卡洛斯相依为命。为了能够更好地照顾儿子，罗琳没有再婚，她独自一人辛辛苦苦地承担起了对儿子的抚养、教育义务。在她的精心照顾与培养下，卡洛斯考入了名牌大学，后来被一家大公司签约录用。

对罗琳来说，儿子如今十分优秀，他们美好的生活就在眼前。但是谁都没有想到，天有不测风云，人有旦夕祸福。就在卡洛斯马上要去新公司工作时，他在一次外出时不幸遭遇了车祸，他去世了。

罗琳十分悲痛，然而，没多久她就又重新振作起来了。这源自于卡洛斯之前给她留下的一封信。

后来，罗琳和别人说到这件事时，说："听到儿子车祸身亡的消息，我感到悲痛欲绝。在此之前，我一直觉得生活是如此快乐。我有一个非常讨人喜欢的孩子。为了养育他，我不惜付出全部心血……可是，为什么这个充满希望的青年还未能开始他的人生旅程，就这样离开了人世？我根本无法接受这个事实。因为伤心过度，我不得不放弃满意的工作，远走他乡，泪水和悲伤成为我生活的全部内容。

“当我准备辞职，清理办公桌的时候，忽然从抽屉里找到一封落满灰尘的信。那是卡洛斯在几年前写给我的信，那时候，我的母亲刚刚去世。信中写道：‘我们会永远怀念她的，尤其您更会如此。我知道您会勇敢地面对这一残酷的事实，因为您坚强的人生观必定会使您接受生活的挑战。我永远不会忘记您所教给我的那些美好而深刻的人生道理，不论我们相隔多么遥远，我会永远记住您的微笑。我会像一个真正的男子汉，承受生活带来的一切考验。’我把信反复读了几遍，仿佛听到卡洛斯在我身边说：‘您为什么不照您说过的话去做呢？坚强地活下去！不论发生什么事，都要把您个人的悲哀藏在微笑底下，继续坚强地生活下去吧！’于是我又回到工作岗位上，我不再对世界感到愤愤不平。我不断地对自己说：‘事情既然已经到了这种地步，虽然没有力量改变它，可是我能够坚强地活下去。’我全心全意地投入到工作中，结交新的朋友。我不再为不可挽回的过去悲哀，而是懂得了珍惜宝贵的现在。因为我已经接受了现实，或者说接受了命运对我的安排，所以我现在的生活比以前更加充实，更加快乐。”

故事解析

灾难不会因为你的惶恐害怕而远离你，挫折不会因为你的胆怯而手下留情，面对这些现实时，你应该勇敢地面对，因为，这是你人生中必须要经历的风景。与其一味悲伤，不如用平静的心态去承受不可更改的事实，要知道：烦恼和苦难并不是它们本身，而是在你的一念之间。

国外有句名言：“事情既然已经是这样，就不会成为别的样子。勇于承认事情就是这样的情况，平心静气地接受已发生的事情，是克服更多不幸的第一步。”

那些没有勇气面对现实的人便是胆小鬼！

任何人，都应该拿出勇气来，现实需要勇气来面对，很多事情是我们不能左右的，但是，就算我们左右不了现实，但绝对可以左右自己对待它们的态度。“能够看破人生的一切，是你人生旅途中最重要的一件事。”这句古代的格言发人深思。

故事穿越

20世纪20年代，苏联有一位共青团干部患了一种严重的疾病。

他参加过苏联红军，从小就是一位出色的革命者，甚至，他还当过骑兵队伍里一名英勇的战士。他是一个不折不扣的勇敢者。他还是一位建设者，将全部的热情和心血投入到社会主义建设事业中。在那个战争年代，他因为极度劳累，导致身体受到了严重的损害。

正当他还在继续为梦想而拼搏努力时，无情的病魔向他袭来。病魔是可怕的，先是让他下肢瘫痪，这样一来，他不得不卧床休息。但这还没有结束，不久后，他的眼睛又渐渐失明了……

即使是面对这样的现实，他没有害怕与退缩，而是更加勇敢地面对疾病，又为自己找到了新的事业！生病以后，他决心将自己的经历写出来，纪念自己曾经奋斗的伟大事业。眼睛看不到东西，他便用硬纸做成格子，套在稿纸上进行写作。

终于，他写出了一部振奋人心的作品，塑造出了一个激励了无数青年人的英雄形象：保尔·柯察金。你肯定知道他是谁了，对，他就是《钢铁是怎样炼成的》作者奥斯特洛夫斯基。

故事微语

如果对生活给予你不幸的遭遇，不要害怕，而是要勇敢地采取理性的态度来对待，不要做那个轻易就被困难吓倒的人！只有勇敢，才能不让你的内心遭受沉重的打击，然后将那个陷入烦恼、紧张和焦虑不安中的你解救出来。

一味地逃避现实是解决不了问题的，这只是自欺欺人的做法，就算是一时躲入了自己编织的梦幻世界之中，也早晚会有清醒的时候。

人，要比自己想象坚强得多。任何人都拥有能够禁得住灾难与悲剧冲击的能力，只是很多人小看了自己。正确面对现实，用勇敢来鞭策自己，就能够最终战胜它们。不要觉得这是一个不可思议的奇迹，实际上人们内在的精神力量可以坚强得令人惊奇，只要你善于运用这种力量，它可以帮助你克服一切困难。

心灵箴言

暂时的是现实，永生的是理想。

——[法] 罗曼·罗兰

现实中的美，不管它的一切缺点，也不管那些缺点有多么大，总是真正美的，而且能使一个健康的人完全满意的。

——[俄] 车尔尼雪夫斯基

现实生活中不可能保持一块洁白无疵的净土。要是想认真完成一项必要的事业，为人既要灵活，又要有一副铁石心肠。

——[印] 泰戈尔

认可失败带来的人生考验

故事话题

纽约的一所中学任教的霍普金斯老师，曾经给他的学生们上过一堂终身难忘的课。

在他的班级中，绝大多数的学生总是会为了自己的成绩而感到不安，生怕成绩考得不够理想。学生们总是在交完考试卷后就开始忧心忡忡，想象着自己如果不及格的后果……以致影响接下来的学习。

一天，霍普金斯老师在实验室里为孩子们讲化学实验。他把一瓶牛奶放在实验台的边缘，那牛奶瓶看起来轻易就能够被碰落。

但是，大家的注意力都不在牛奶瓶上，而是专注地听着老师讲的课程。一个学生在实验过程中，不小心碰倒了牛奶瓶，瓶子一下就摔落在地上，碎了！

这个学生被刚才的一幕惊到了，他为那个打碎的瓶子而感到不知所措。而这时，霍普金斯老师突然坚定地对着全体学生大声说了一句："不要为打翻的牛奶哭泣！"然后将所有学生叫到周围，让他们观察地上破碎的瓶子和淌了一地的牛奶，一字一句地说："你们仔细看一看，我希望你们永远记住这个道理：牛奶已经流光，瓶子已经碎了，不论你怎样后悔和抱怨，都没有办法再让瓶子复原。你们要是事先想一想，加以预防，把瓶子放到安全的地方，这瓶牛奶还可以保存下来。可是现在晚了！我们现在所能够做的，就是把它忘记，然后注意接下来要做的事情。"

霍普金斯老师的这番话，使学生们学到了课本上从未有过的知识。许多年后，这些学生还对这一课留有极为深刻的印象。

故事解析

是的，任何人都没有办法让时间倒流回到过去，所以，在面对已经失败的事情时，承认失败，找到失误，警示下次不再犯同样的错误才是最重要的。人无法让已经成为事实的事情消失，不妨就让它成为你未来成功的基石。

有一位非常有名的足球运动员谈起他输球后的感受：“过去我常常这样做，为输球而烦恼不已。现在我已经不干这种傻事了。既然已经成为过去，何必沉浸在痛苦的深渊里呢？流入河里的水，是不能再取回来的。”

以平静的心态分析失败的原因，从失败中得到教训，把教训铭刻在心，然后把失败忘掉。别忘了，你还要面对新的生活。

故事穿越

男孩是学校里有名的“学霸”，老师都喜欢的好学生的典范，更是父母眼里的骄傲儿子。他的班主任老师曾当着全班同学的面预言他日后一定能够考上重点大学。

然而世事难料，他高考竟然落榜了！别说是进入重点大学，就连进普通大学的分数都不够。

当时，身边的人并没有因此说他些什么，可他自己却无法接受这次失败。得知成绩那天，他心情万分沮丧，眼含泪水地跑去爬山，站在山顶迎着风，他有一种想要翱翔的欲望。可惜天公不作美，本来很晴的天空突然间下起了瓢泼大雨。

他感觉脚下的山石在松动，他害怕自己会有危险，便慌慌张张地向山下走去。

走到半山腰，他遇见了一个山民，正在费力地向上爬。

男孩忍不住冲着山民大喊道：“大叔，别往上爬了，山上面的风雨更厉害。”

山民抬起头看

了一眼正要下山的他喊道：“傻小子，别往山下走，如果山体滑坡会把你埋在下面的，这个时候不如往山上爬，虽然风雨大点，但是只要避过松软的泥土，找到一块稳定的大石头栖身，就会比较安全。”

男孩觉得有道理，改变了方向，迎着风雨和山民一起往山上爬去，山民带着他爬到山顶上一块可以栖身的大石头，算是安全了。

雨过天晴之后，男孩很感激山民救了他一命，山民不好意思地笑了笑说：“这没什么。我也是经历了危险之后才学会的自保。记住爬山时遇见风雨，你逃避它，反而很快会被它淹没。迎向它，你反而有一线生机。”

男孩听完山民的话茅塞顿开。

故事微语

人生就像爬山一样，在挫折面前不应该低下头，应该勇敢地迎上去。失败并不可怕，人的一生便是成功与失败积累起来的。不成功，便失败。然而，不经历失败，又何来成功呢？如果轻易被失败打倒，那么，成功只会离你越来越遥远。

一位前重量级拳王在谈到失败时说："比赛的时候，我忽然感到自己似乎老了许多。打到第十回合时，我的脸肿了起来，浑身伤痕累累，两只眼睛疼得几乎睁不开，只是没有倒下罢了。我模糊地看见裁判员高举起对方的右手，宣布他获得比赛的胜利。我不再是拳王了。我伤心地穿过人群

走向更衣室，有人想和我握手，另一些人则含着眼泪，失望地看着我。一年之后我再次和对手比赛，我又失败了。要我完完全全不想这件事，实在是太困难、太痛苦了。但我仍然对自己说，从今以后，我不要生活在过去，不必再自寻烦恼。我一定要勇敢地面对这一现实，承受住打击，决不能让失败打倒我。"

失败必定是让人痛苦的事情，然而，拥有积极乐观的心理，就能很好地进行自我抚慰，帮助自己从失败的痛苦中慢慢走出来。

心灵箴言

灾祸是一个人的真正试金石。

——[英] 鲍蒙特与弗莱彻

大自然把人们困在黑暗之中，迫使人们永远向往光明。

——[德] 歌德

在厄运中满怀希望，在好运中不忘忧虑，这样便能泰然担待祸福。

——[古罗马] 贺拉斯

丢弃恐惧和自卑的心理

故事话题

一个高傲的武士慕名而来，拜访一位禅宗大师。这个武士是一个十分出色的武士，很有名望。但当他看到大师俊朗的外形和优雅的举止后，猛然变得自卑起来。

他对大师说道："您能不能告诉我，我为什么会一下子自卑起来？在一分钟前，我还是好好的。可是，当我走进您的院子里，便突然变得自卑起来。我以前从没有过这种感觉。您要知道，我可是曾经无数次面对死亡的人，在死亡面前我都从没有感到恐惧过，为什么此刻我感到有些惊恐呢？"

大师对他说道："你耐心一些，等这里所有的人都离开后，我再告诉你答案。"

然而，一整天的时间里，前来拜访大师的人一直络绎不绝，武士等得烦躁起来……直到晚上，大师的房间里才空寂起来。武士急切地说道："现在，你可以回答我了吧？"

大师说："到外面来吧。"

这时，天色已晚，月亮发出皎洁的光辉。大师说："看看这些树，这棵树高入云端，而它旁边的这棵，还不及它的一半高，它们在我的窗户外面已经存在好多年了，从没有发生过什么问题。这棵小树也从没有对大树说：'为什么在你面前我总感到自卑？'一个这么高，一个这么矮，为什么我却从未听到抱怨呢？"

武士说道："因为它们不会比较。"

大师回答道："那么你就不需要问我了。你已经知道答案了。"

故事解析

自卑心理都是自己强加于自己的，武士在看到大师时，觉得他举止优雅、外形俊朗，于是不由得和自己进行比较，然而，他觉得自己根本比不上大师，便因此萌生自卑心理。如果武士看淡这些比较，自得其乐的话，想必就不会有自卑心理了。

自卑会促使一个人在人生道路上走下坡路，加速自身衰老。奥地利著名的心理学家阿德勒认为：“人类都有自卑感以及超越和克服自卑感的想法。当一个人小的时候，看到别人长大而自卑；当他大的时候，却发现别人比他更有钱；当他有钱的时候，看到别人比他更年轻力壮，这些都会在他心底里产生自卑。”

故事穿越

一个士兵骑马给拿破仑送信，在到达目的地之前猛然跌了一跤，马就此一命呜呼。拿破仑接到信后，立刻写了回信，交给那个士兵，吩咐士兵骑自己的马，迅速把回信送去。

那个士兵看到那匹强壮的骏马，身上装饰得无比华丽，便对拿破仑说：“不，将军，我是一个平庸的士兵，实在不配骑这匹华美强壮的骏马。”

拿破仑回答道：“世上没有一样东西，是法兰西士兵所不配享有的！”

故事微语

世界上有很多人都和故事中的法国士兵一样，他们总是自己认为地位太低微，自己比不上别人，甚至，很多幸福都是不属于自己的……这种想法根本不可取。

具备必要的信心与决心是十分重要的事情。自信的人往往能够无畏前行，这也是他们能够轻易取得成功的原因。自卑情结代表着深层的自我怀疑，而消除自卑情结最大的秘诀就是在你内心深处装满信心。

只要对自己充满无可限量的信念，就能在你身上产生自信。

许多青年人，本来可以做大事、立大业，但实际上竟做着小事，过着平庸的生活，原因就在于他们自暴自弃，没有远大的希望，不具有坚定的信念。一个人如果在表情和言行上时时显露着卑微，不信任自己，不尊重自己，那么这种人自然得不到别人的尊重。这种自卑自贱的观念，往往成为不求上进、自甘堕落的主要原因。

心灵箴言

人应该谦逊，但不能自卑。

——[美] 姚乐丝·卡内基

恢弘志士之气，不宜妄自菲薄。

——诸葛亮

人们不太看重自己的力量，这就是他们软弱的原因。

——[苏联] 高尔基

永远都满怀希望的享受人生

故事话题

在马来西亚的一个国际心理学会议上，有一个俄国人，他在向大家尽力荐他所创立的“积极心理治疗理论”。

他讲了他所做过的一个试验：

他把两只大白鼠放进一个装了水的器皿中，然后看到白鼠都在尽力挣扎，这个过程一般能维持 8 分钟左右。之后，他又在同样的器皿中放入另外两只大白鼠，在它们挣扎大约 5 分钟时，他便放入一个能够让白鼠爬出器皿的跳板，就这样，这两只大白鼠活了下来。

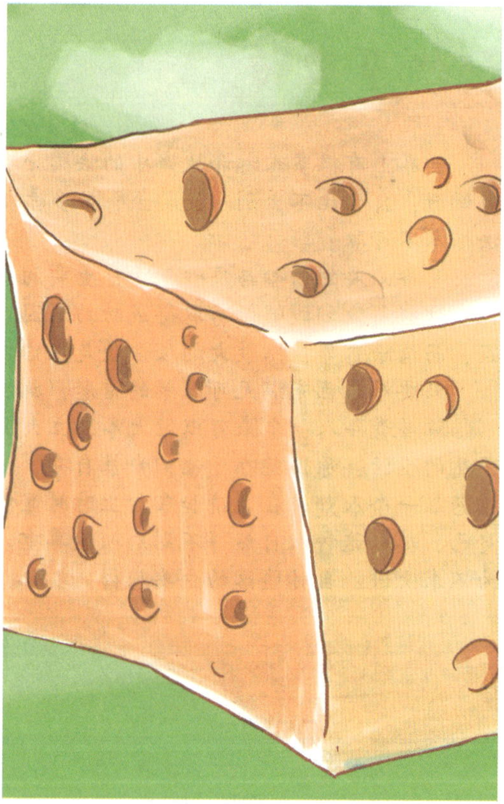

过了几天，他又将那两只逃生过的白鼠放入同样的器皿，结果真的令他感到十分吃惊：他发现，两只大白鼠居然坚持了 24 分钟！

这位心理学家总结说：“前面的两只大白鼠，因为没有逃生的经验，它们只能凭自己本来的体力来挣扎求生；而有过逃生经验的大白鼠却多了一种精神的力量，它们相信在某一个时候，一个跳板会救它们出去，这使得它们能够坚持更长的时间。这种精神力量，就是积极的心态，或者说是内心对一个好的结果心存希望。”

当时，有的听众开始为那两只大白鼠而惋惜，以为它们为了实验而死了。但是，这个实验者却说：“在它们快不行的时候，我就将它们救出来了。因为，有积极心态的大白鼠有价值，更值得活下去。我们人类应尊重一切希望，哪怕是大白鼠内心的希望。”

故事解析

希望就是力量。很多时候，希望的力量能够给人们带来各方面的巨大力量。心中有希望的人，即使他一无所有，他也不会觉得空虚，因为，他有可能拥有一切！相反，一个人即使拥有一切，却不拥有希望，那就可能丧失他已经拥有的一切。

想获取希望不是一件难事，接受希望的指引的同时，也要懂得付诸行动，逐渐向着希望的光明迈进，成功就离你不远了。

故事穿越

一对年轻的渔民夫妇在海边生活，男人的工作便是出海捕鱼，女人就在家里料理家务。他们的生活平淡而幸福。

每天天还没有亮，男人就起床出海。在男人要走出家门前，女人一定会关切地问：“什么时候回来？”

“黄昏的时候。”男人回答完便消失在朦胧的曙光中。

男人每次出海，都会赶在黄昏的时候归来。他从来不去太远的地方，他害怕不能准时回家，这样一来，妻子肯定会感到担心的。

女人也知道男人的这个习惯，所以，每到黄昏的时候，她都会一个人独自去海边徘徊，等待男人的归来。每天她都会十分耐心地等。

一天，男人出海后，海面上刮起了狂风，下起了暴雨。之后，男人再也没有在黄昏的时候出现在海边。但是，女人还像往常一样，每天都会在黄昏的时候独自一人到海边徘徊，用焦灼的目光打量着一艘艘返航的渔船，期盼男人的出现。

这样年复一年日复一日，男人始终未回来，女人始终在等待。曾经有人十分不解地问女人：“明知道他不会回来，你为什么还要去等？”

“因为每个黄昏对我来说都是一个希望，希望是一盏灯，它引导我的生活在绝望的黑夜里前行。”女人充满激情地说。

故事微语

生命之花只有在希望的滋润下才能绽放。人活着离不开希望，没有希望的人生暗淡无味。希望就像是耀眼的光芒，能够将人们的整个人生照射得绚丽多彩。

被希望支配着的人生，便是成功的人生。

人因为有希望，生命才觉得有意义。就像故事中女人说的话：“希望是一盏灯，它引导我的生活在绝望的黑夜里前行。”

心灵箴言

有希望就会年轻，绝望就会年老。

——[美] 卡耐基

希望是生命的源泉，失去它生命就会枯萎。

——[美] 富兰克林

我们唯一的悲哀是生活于愿望之中而没有希望。

——但丁

如果你想要成功，当以恒心为良友，以经验为参谋，以当心为兄弟，以希望为哨兵。

——[美] 爱默生

心灵榜样微史话

乔治·马歇尔

乔治·卡特利特·马歇尔（1880—1959），美国军事家、政治家、外交家，陆军五星上将。他于 1901 年毕业于弗吉尼亚军校，参加过第一次世界大战。1924 年夏到 1927 年春末，在美军驻天津第 15 步兵团任主任参谋，学习了汉语。1939 年任美国陆军参谋长，在第二次世界大战中，他帮助富兰克林·德拉诺·罗斯福出谋划策，坚持先攻纳粹德国再攻日本帝国，为美国在二战的胜利作了不可磨灭的贡献。1945 年退役。后出任美国国务卿和国防部长，以出台马歇尔计划闻名，1953 年获诺贝尔和平奖。

席勒

埃贡·席勒，20 世纪初杰出的奥地利画家，出生于下奥地利的图尔恩，是一位铁路工人的儿子。席勒于 1902 年考入克洛斯特新堡的州联邦高级中等文科学校，从那时起他就酷爱美术，利用业余时间勤奋作画，在他早期作品中还可以看到克洛斯特新堡的教堂和修道院。

他从小就有优秀的艺术天才，具有艺术大师般的敏感性及丰富的情感。

1906 年进入维也纳艺术学院，后加入“维也纳工作房”，成为维也纳分离派的一员。从 1910 年开始，以近乎颓废的神经质的病态人物造型呈现其成熟抑郁的画风。

萧伯纳

萧伯纳（1856—1950），爱尔兰剧作家，1925 年因为作品具有理想主义和人道主义而获诺贝尔文学奖，是英国现代杰出的现实主义戏剧作家，是世界著名的擅长幽默与讽刺的语言大师，同时他还是积极的社会活动家和费边社会主义的宣传者。

萧伯纳支持妇女的权利，呼吁选举制度的根本变革，倡导收入平等，主张废除私有财产。

他主张艺术应当反映迫切的社会问题，反对“为艺术而艺术”。其思想深受德国哲学家叔本华及尼采的影响，而且又曾读过马克思的著作，不过他却主张用渐进的方法改变资本主义制度，反对暴力革命。

萧伯纳的一生，是和社会主义运动发生密切关系的一生，他认真研读过《资本论》，公开声言他“是一个普通的无产者”，“一个社会主义者”。

卡拉维洛夫

卡拉维洛夫(1834 年—1879 年)，保加利亚作家和思想家，曾为保加利亚走向民族觉醒做出贡献。生于科普里弗什蒂查城，卒于鲁谢城。1857 年入莫斯科大学语文系学习，受到革命民主主义者的影响。在俄国求学时即用俄语发表了数部作品，如中篇小说《统领》（1860）、《冬乔》（1864）等。1863 年因受沙皇政府迫害，流亡贝尔格莱德、罗马尼亚等地。

1869 年旅居布加勒斯特，次年参加创建保加利亚革命中央委员会，先后主编《自由》（1869—1872）和《独立》（1873—1874）杂志，高举保加利亚革命的旗帜。然而由于革命的失败、个人的困窘以及同志的出卖，意气终于消沉下来。1875 年脱离政治活动。代表作为中篇小说《旧日的保加利亚人》（1872），描写社会上层人物的寄生生活和贫乏空虚的精神面貌，嘲笑他们远离民族解放运动，是“旧日的保加利亚人”。

松下幸之助

松下幸之助（1894 年—1989 年），是日本著名跨国公司“松下电器”的创始人，被人称为“经营之神”。“事业部”“终身雇佣制”“年功序列”等日本企业的管理制度都由他首创。

松下幸之助为人谦和，他用一句话概括自己的经营哲学：“首先要细心倾听他人的意见”。

松下幸之助很注重对员工的教育。每周都要在员工大会上作演讲，并制订了松下员工守则，还创作了松下的歌曲，使团队凝聚力大大提升，每个松下员工都以自己是松下的一员而自豪。所以在松下的公司很少出现劳资纠纷。

松下电器产业株式会社自1918年松下幸之助创业以来，作为企业人，通过提供商品服务，始终以“为了使人们生活变得更加丰富、更加舒适，并为了世界文化的发展做出贡献”为经营理念从事着企业经营活动。经历八十多年的奋斗，现在已成为世界著名的综合型的大型电子企业，并在世界各国开展着事业活动。

松下公司是一个跨国性公司，在全世界设有230多家公司，员工总数超过25万人。截至2008年4月1日，其中在中国有十几万人。2007年全年的销售总额为700多亿美元，为世界制造业500强的第59位。

松下幸之助已经不再只是一个称呼，它还被赋予了更深层次的含义：一种拼搏向上，不屈不挠的精神；一种爱国爱民，尽心敬业的品格；一门经营与管理的学问。有人说松下幸之助的一生简直就是一个阿修罗（战争之神），不管白天还是黑夜，他总是在不停地战斗，为了自己的理想、荣誉，为了日本的繁荣、富强而不停地战斗。

徐特立

徐特立（1877—1968），原名懋恂，字师陶，中国革命家和教育家，湖南善化（今长沙县江背镇）人。1911年参加辛亥革命，1927年加入中国共产党，同年8月参加南昌起义。1931年11月当选为中华苏维埃共和国中央执行委员会委员。

新中国成立后，曾任中央人民政府委员会委员。他是毛泽东和田汉等著名人士的老师，是中共第七、八届中央委员。

徐特立一生致力于社会主义的教育事业。党中央曾评价他“对自己是学而不厌，对别人诲人不倦”，“中国杰出的革命教育家”。著作大多收集在《徐特立教育文集》和《徐特立文集》中。

新中国成立后，徐特立任中央宣传部副部长。因年老记忆力减退，他自动申请免职。但是，他仍关心国事——“大跃进”时不表赞成，“文革”开始后又忧心不已。

1966年国庆节上天安门时，他守在电梯旁等毛泽东，想倾诉心中想法。毛主席远远看见他后，马上打招呼并想走过来，可惜被突然出现的一群高呼“万岁”的人隔开。徐老此后身体日衰，难以外出，于1968年去世。

马连良

马连良(1901 年—1966 年)，原籍陕西扶风，生于北京，字温如。中国著名京剧艺术家，老生行当的代表性人物之一，“马派”艺术创始人，京剧“四大须生”之首，民国时期京剧三大家之一，扶风社的招牌人物。

代表剧目有《借东风》《甘露寺》《青风亭》《四进士》《失空斩》等。父马西园与著名京剧演员谭小培熟识，三叔马昆山在上海唱戏，家庭的熏陶，使马连良从小热爱京剧艺术。9 岁入北京喜连成科班，23 岁自行组班，发展成为独树一帜的“马派”表演风格，自 20 世纪 20 年代至 20 世纪 60 年代盛行不衰。

20 世纪，他与余叔岩、高庆奎、言菊朋并称前“四大须生”；后三人去世，他又与谭富英、奚啸伯、杨宝森并称后“四大须生”。1931 年马连良在天津与周信芳同台演出，因他们技艺精湛，各具风采，被誉为“南麒北马”。

马连良早年除受叶、蔡、萧诸业师传授外，表演上还潜习做工老生贾洪林，在继承、发展传统的基础上，形成了马派的表演风格。他的表演，手、眼、身、步结合一体，准确严谨，凝重潇洒，将人物蕴涵的复杂感情，节奏鲜明地形之于外，形成独具艺术魅力的马派丰彩。

此外，马连良在舞台上塑造的海瑞形象特别成功，除了精湛的表演艺术外，还因为是正直的艺术家。他热爱海瑞，是用赤诚的心来拥抱角色，人们看到的是个活海瑞。可以说《海瑞罢官》是马连良在晚年推出的极具光彩的巅峰之作。

钱锺书

钱锺书（1910 年—1998 年），江苏无锡人，原名仰先，字哲良，后改名钟书，字默存，号槐聚，曾用笔名中书君。中国现代著名作家、文学研究家。晓畅多种外文，包括英、法、德语，亦懂拉丁文、意大利文、希腊文、西班牙文等。曾为《毛泽东选集》英文版翻译小组成员。

晚年就职于中国社会科学院，任副院长。钱锺书在文学、比较文学、文化批评等领域的成就，推崇者甚至冠以“钱学”。代表作品《围城》。

钱锺书是出身于书香门第，幼承家学，天资过人，青少年时就喜好古经典籍，故而练就了文史方面的“童子功”。他在文学上是一个全才，既是一位大学者，又是一位大作家。

他学贯东西，在中国古典诗词，西方语言文化方面都有所建树。是中国数千年文化传统在一个风气开通、历史转型时期的特殊结晶。

聂耳

聂耳(1912 年—1935 年)，原名聂守信，字子义(亦作紫艺)，汉族，云南玉溪人。中国音乐家。从小家境贫寒，他创作了数十首革命歌曲，他的一系列作品，正是共产党领导的人民革命的产物。聂耳开辟了中国新音乐的道路，是中国无产阶级革命音乐先驱。聂耳是中华人民共和国国歌《义勇军进行曲》的作曲者。

聂耳一生共创作 37 首乐曲，都是在他去世前不到两年的时间里所写的，其中反映工人阶级生活和斗争的歌曲占有较大比重。聂耳经常与田汉合作。

聂耳的音乐创作生涯虽然只有 1933 年至 1935 年这短短的两年，却创作出《大路歌》《码头工人歌》《开路先锋》《新的女性》《毕业歌》《卖报歌》《铁蹄下的歌女》等几十年来一直脍炙人口的歌曲。这些辉煌成就的取得，除了他个人的天才，最主要的是他深入社会生活的最底层。

他在 1933 年 6 月 3 日的日记中总结说：“音乐与其他艺术：诗、小说、戏剧一样，它是代替大众在呐喊，大众必然会要求音乐新的内容和演奏，并要求作曲家的新态度。”

有人这样评价他说：“他是天才的音乐家，又是革命者。恰恰因为后者，才能出现前者的辉煌。”

爱默生

拉尔夫·沃尔多·爱默生，美国思想家，诗人。1836 年出版处女作《论自然》。他文学上的贡献主要在散文和诗歌上。爱默生是确立美国文化精神的代表人物。美国前总统林肯称他为“美国的孔子”“美国文明之父”。1803 年 5 月 25 日出生于马萨诸塞州波士顿附近的康考德村，1882 年 4 月 27 日在波士顿逝世。他的生命几乎横贯 19 世纪的美国，他出生时候的美国热闹却混沌，一些人意识到它代表着某种新力量的崛起，却无人能够清晰地表达出来。

心灵修养用语微解

仁慈：是指仁爱、慈善。

名利：指名位与利禄；名声与利益。

感恩：对别人所给的帮助表示感激，是对他人帮助的回报。

高尚：1. 道德品质高雅的人与行为端正的人；2. 有意义、不庸俗。

大度：指心胸宽广，大度常和宽容一起使用，宽容大度是一种美德。

瑕疵：一是指玉的斑痕；二是指毛病，比喻人的过失或事物的缺点。

平淡：1. 人的品性浑厚淡泊；2. 平常，没有曲折；3. 特指诗文、书画风格自然而不加雕琢。

宽容：即允许别人自由行动或判断；耐心而毫无偏见地容忍与自己的观点或公认的观点不一致的意见（不列颠百科全书）。宽大有气量，不计较或不追究(现代汉语词典）。

舍得：舍得，即愿意付出，不吝惜。舍得是一种人生智慧和态度，是拥有超越境界来对已得和可得的东西进行决断的情怀和智慧。也是一种雅俗共赏、启迪心智的“生活禅”。

引导：是指通过行为帮人走出困境，或是带着人向某个目标行动。引导者总是在被引导者的前方，可以是行为、动作上先进，可以是思想上先进或技术上先进，等等。引导者处于主动位置，被引导者处于被动位置。

同理心：就是进入并了解他人的内心世界，并将这种了解传达给他人的一种技术与能力。